책속에 동영상이 있습니다 !!

승강기 기능사 실기

오선호 저

 일진사

오늘날 첨단 기술과 과학 문명의 급속한 발전과 함께 일상에서 많이 사용되는 승강기 또한 안전성을 고려한 고성능화가 되고 있다. 이러한 승강기의 수요와 증가에 따라 승강기 유지 보수에 대한 기술도 매우 중요하게 되었다.

이 책은 이러한 경향에 맞추어 승강기기능사 자격증을 준비하는 공학도들이 내용을 쉽게 이해하고 기능을 학습하는 데 도움을 주고자 다음과 같은 특징으로 구성하였다.

첫째, 승강기기능사 실기에 필수적인 시퀀스 제어 회로 구성을 중점적으로 다루었다.

둘째, 시퀀스 제어 회로를 처음 접하는 학습자에게 배선의 이해를 돕고자 결선 상태를 자세하게 사진으로 표현하여 줌으로써 초급자들의 이해를 돕고자 하였다.

셋째, 승강기기능사 실기 과정을 기초부터 응용까지 체계화하여 누구나 쉽게 기능을 습득할 수 있도록 하였으며, 공개문제에는 동영상 QR코드를 삽입하여 교재를 활용한 이해도를 높이고자 하였다.

넷째, 각 공개문제에서 실수할 수 있는 요소들을 해설하여 자격증 취득에 도움이 되도록 구성하였다.

끝으로 이 책을 활용하여 공부하는 분들에게 승강기 관련 기술이 응용되는 모든 분야에서 전반적인 이해의 폭을 넓히고, 산업 현장에서 유능한 기술자로 국가 산업 발전에 이바지하기를 바란다. 미흡한 부분이 있다면 앞으로 보완해 나갈 것을 약속드리면서 본서를 발간하기까지 많은 도움을 주시고 꼼꼼히 검토해주신 **일진사** 편집부 여러분께 진심으로 감사드린다.

저자 씀

공구 사용법과 배선 기구의 접속법

1. 공구 사용법
2. 배선 기구의 접속법

1 공구 사용법

1-1 배선 수공구

    각종 실습과 작업의 그 목적에 맞는 공구를 선택하고, 수공구의 용도에 알맞은 사용법으로 효과적으로 수리 및 작업을 할 수 있다.

1 드라이버

    드라이버는 용도에 따라 여러 가지 종류가 있다. 일반적으로 나사못이나 나사를 돌려 조이거나 푸는데 사용하는 공구로, 일(−)자형 드라이버와 십(+)자형 드라이버 등이 있다.
    드라이버의 종류에는 전공용, 양용, 해머, 정밀, 검전 드라이버 등이 있으며 드라이버의 치수는 **굵기×길이**로 나타낸다. 길이는 손잡이 부분을 제외한 날장의 길이를 의미한다.

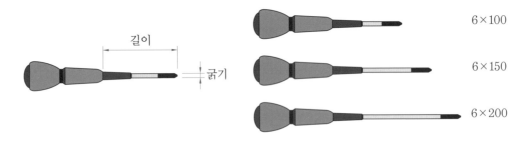

그림 1−1 드라이버의 치수

(1) 전공용 드라이버

    손잡이 부분을 누르며 돌리는 나사못 작업에 유리하며 손잡이 부분이 원형으로 볼록하게 되어있어 작업자가 편하게 작업할 수 있다.

(2) 양용 드라이버

    필요시마다 일자형과 십자형을 겸용으로 사용할 수 있는 드라이버이다.

(3) 타격 드라이버

    흔히 해머 드라이버라고 한다. 손잡이 부분에 강철이 달려있어서 원하는 부분에 타격을 가할 수 있다.

대부분 강철부분과 드라이버 날이 연결되어 있어서 전기용으로 사용하면 감전의 우려가 있으므로 주의하여야 한다.

(4) 정밀 드라이버

흔히 시계 드라이버라고 한다. 기판 작업이나 시계 등의 정밀한 부분에 많이 사용하며, 3mm 이하의 드라이버를 말한다.

(5) 검전 드라이버

일자(−) 드라이버가 대부분이며 전선의 동선이나 콘센트부의 전원 여부를 빛이나 소리로 확인할 수 있다.

2 플라이어

플라이어는 용도에 따라 그 목적에 맞도록 여러 가지 종류가 있으며 일반적으로 배선작업에서는 펜치, 니퍼, 롱 노즈 플라이어가 일반적으로 사용된다.

(1) 펜치

펜치는 절단용 공구로 전선의 절단과 접속 등에 사용된다. 크기는 전체의 길이로 나타내며 6인치(150mm), 7인치(175mm), 8인치(200mm) 등이 있으며 일반적으로 6인치, 7인치는 옥내 공사에서, 8인치는 옥외 공사에서 주로 사용된다.

(2) 니퍼(nipper)

니퍼는 전선 및 가는 철사를 절단할 때 사용된다. 크기는 전체의 길이로 나타내며 4인치(100mm), 5인치(125mm), 6인치(150mm), 7인치(175mm)가 일반적인 크기이다.

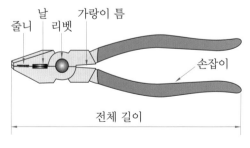

그림 1−2 펜치

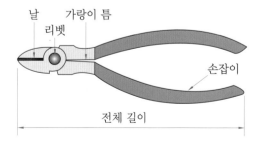

그림 1−3 니퍼

(3) 롱 노즈 플라이어(long nose plier)

일반적으로 라디오 펜치라고 부른다. 물림부가 길고 뾰쪽하여 가는 전선을 절단하고 고리를 만들거나 구부릴 때 사용하기 편리하다. 가랑이 틈을 이용하여 전선이나 동선을 잡을 수도 있다. 크기는 5인치(125mm), 6인치(150mm)가 일반적이다.

(4) 플라이어(slip joint plier)

신축이음의 연결 축으로 턱의 조절이 가능하므로 물체의 물림 범위가 커질 때 간격이 조절 가능하다. 턱의 안쪽 부분은 둥근 모양의 턱으로 너트 작업이나 철판 고정 등 물체를 쥐거나 고정하는 데 사용한다.

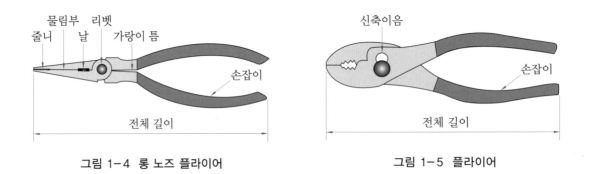

그림 1-4 롱 노즈 플라이어   그림 1-5 플라이어

(5) 바이스 플라이어(locking plier)

나사 및 너트 작업, 배관 작업에서 고정하거나 회전 등의 작업에 주로 사용된다. 조절 나사로 턱의 간격을 조절하고 레버는 조절 나사의 압력을 올리거나 내림으로써 턱 간격을 조절한다. 릴리스 레버로 플라이어의 잠금을 해제하고 손잡이를 푸는 레버이다.

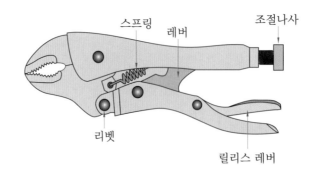

그림 1-6 바이스 플라이어

(6) 스냅 링 플라이어(snap ring plier)

스냅 링을 벌리거나 오므릴 때 사용하는 공구이다. 벌림과 오므림, 겸용으로 구분되며 −자형과 ㄱ자형이 있다. 그림 1−7은 겸용 스냅 링 플라이어를 나타내고 있다.

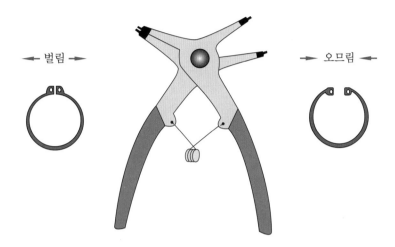

그림 1−7 스냅 링 플라이어

(7) 와이어 스트리퍼(wire stripper)

와이어 스트리퍼는 전선의 피복을 벗기는 공구이다. 일반적으로 전선의 피복을 벗길 때 공구에 의해 단선이 될 수 있으므로 와이어 스트리퍼를 사용하여 편리하고 안전하게 전선의 피복을 벗길 수 있다.

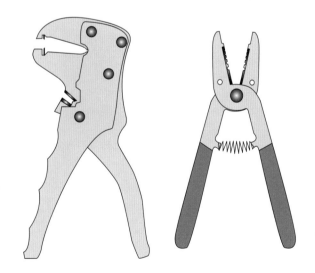

그림 1−8 와이어 스트리퍼

(8) 터미널 압착 펜치

전기 사고의 대부분은 접속점에서 발생한다. 전선과 전선이 결선되는 접속점과 연선의 단자대 접속의 경우에는 접속점에서 확실한 접속이 오래도록 유지되느냐가 가장 중요하므로 단자대의 연선 접속에서는 전류 용량이 넉넉한 터미널을 선정하고 터미널과 전선을 확실히 찍어 접속하기 위하여 터미널 압착 펜치가 필요하다. 터미널의 종류는 그림 1-9 (b)와 같이 순서대로 링(ring)타입 O형, Y형, I형 등 다양하다.

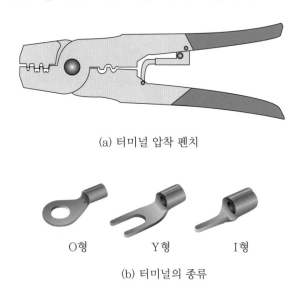

(a) 터미널 압착 펜치

O형　　Y형　　I형

(b) 터미널의 종류

그림 1-9 터미널 압착 펜치와 터미널의 종류

2 배선 기구의 접속법

2-1 배선 기구의 단선 접속

기계 기구 단자의 잘못된 접속법으로 발열사고의 원인이 될 수 있기 때문에 전선의 단자 접속은 매우 중요하다. 단자 접속은 습기, 염분으로 인해 일정 기간 후 녹이나 부식이 발생할 경우에는 즉시 교체하여 사고를 예방하여야 한다. 배선 기구의 전선 접속은 전선 및 기계 기구 단자의 종류에 따라 여러 가지로 구분된다. (표 1-1 참조)

표 1-1 단자 만들기의 종류

구분＼종류	고리 단자	직선 단자	압착 단자
단선	○	○	×
연선	○	○	○
케이블	○	○	×

1 전선 펴기

단선의 피복을 쉽게 벗기기 위해 공구를 이용하여 전선을 편다.

2 전선의 피복 벗기기

비닐, 고무 절연 전선 및 케이블은 전공칼을 이용하는 방법과 와이어 스트리퍼를 이용하는 방법이 있다. 전공칼을 이용하는 방법에는 연필깎기와 단깎기로 구분되고 현장에서는 단깎기 방법이 많이 이용된다. 와이어 스트리퍼를 이용하는 방법에는 자동과 수동이 있다.

전선의 피복을 벗기는 작업은심선에 심한 스크레치나 찍힘 부분에서 발열 및 단선이 발생할 수 있기 때문에 주의한다.

전공칼을 사용하여 연필깎기를 하는 경우 전공칼을 20° 정도 눕힌 후 심선이 상하지 않도록 피복을 깎아낸다. 단깎기 방법은 칼과 전선과 직각상태로 놓은 상태에서 칼을 한 바퀴 돌려 피복을 제거한다.

와이어 스트리퍼(수동)를 사용하여 피복을 벗기는 작업은 전선과 와이어 스트리퍼를 직각 상태로 위치시키고 전선의 굵기에 맞는 홈을 찾아서 손잡이를 누르고 전선을 벗긴다. 전선과 와이어 스트리퍼에 무리한 힘이 가해져 지속적으로 사용할 경우 와이어 스트리퍼의 양날이 벌어지는 현상이 발생하므로 주의하여야 한다.

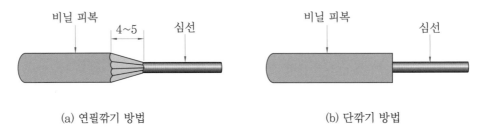

(a) 연필깎기 방법   (b) 단깎기 방법

그림 1-10 전선의 피복 벗기기

3 나사 조임 단자에 접속하기

그림 1-11(a)와 같이 나사 조임 단자에 단선이나 비교적 가는 연선을 접속할 경우 많이 사용된다. 고리 단자를 만들어 나사 조임 단자의 볼트를 완전히 풀어 고리 단자에 끼운 후 단자를 조여 접속한다.

① 그림 (b)와 같이 고리 단자의 크기에 알맞은 길이로 피복을 제거한다.
② 심선을 반시계 방향으로 90° 정도 구부린 다음 롱 노즈 플라이어를 사용하여 시계방향으로 둥글게 구부리면서 원형으로 만든다.
③ 원형으로 된 심선의 끝부분은 심선에 닿지 않도록 1~2 mm 정도 여유를 주고 자른다.
④ 볼트의 지름에 따라 고리 단자의 크기를 조절한다.

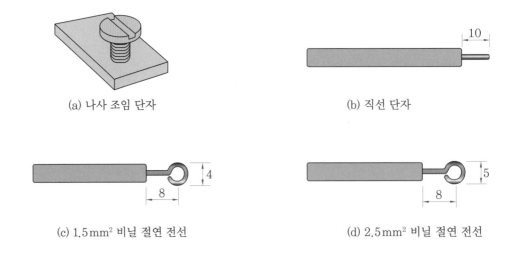

(a) 나사 조임 단자   (b) 직선 단자

(c) 1.5 mm² 비닐 절연 전선   (d) 2.5 mm² 비닐 절연 전선

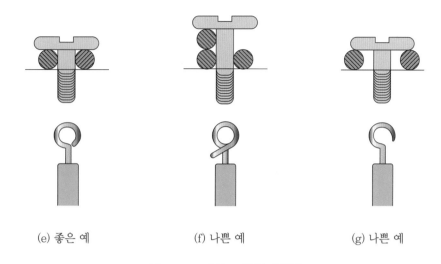

(e) 좋은 예   (f) 나쁜 예   (g) 나쁜 예

그림 1-11 나사 조임 단자 접속

4 고정식 단자 접속하기

제어 배선 기구에서 $2.5\,mm^2$ 이하의 단선을 접속하는 경우 사용된다.

① 전선의 삽입 깊이를 맞추어 피복을 벗긴다.

② 전선의 피복이 누름판에 물리지 않도록 1~2 mm 정도의 심선이 보여야 한다.

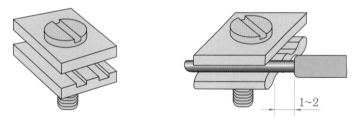

그림 1-12 고정식 단자 접속하기

5 속결 단자

속결 단자는 주로 조명용 스위치에 주로 사용되며 $2.5\,mm^2$ 이하의 단선을 접속하는 데 쓰인다. 스트립 게이지에 맞도록 피복을 벗기고 전선을 삽입한다. 전선을 제거할 때는 누름판을 드라이버로 누르면서 전선을 제거한다.

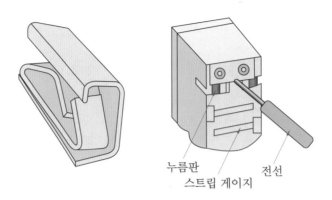

누름판

스트립 게이지

전선

그림 1-13 속결 단자

2-2 배선 기구의 연선 접속

배선 기구의 연선 접속은 터미널을 사용하여 안전하게 접속한다. 터미널 압착 펜치를 사용하여 압착이 시작되면 완료될 때까지 압착 공구의 손잡이가 열리지 않는 공구를 사용하는 것이 확실한 압착 방법이다.

1 압착 터미널 접속

(1) 압착 터미널 전선 삽입

연선에 색상 절연 튜브를 끼우고 연선의 피복을 벗긴다.

그림 1-14와 같이 터미널에 약간의 소선을 남겨 두고 삽입한다. 단, 터미널이 PG 타입의 경우 자체적으로 절연 튜브가 부착되어 있으므로 절연 튜브 부분을 압착한다.

압착 터미널

전선

그림 1-14 압착 터미널 전선 삽입

(2) 터미널 압착 방향

$38\,mm^2$ 이하 전선은 주로 배꼽 압착을 하며 그림 1-15와 같이 배꼽 찍기 형태이다.

압착기를 터미널의 환형 압착 단자에 위치시키고 찍힘 부분을 배꼽 부분으로 향하게 배치하고 압착을 시작한다.

(a) 환영 압착 단자

(b) 소선 삽입 상태

(c) 전면 압착한 상태

그림 1-15 터미널 압착 방향

(3) 단자 압착 후 확인 사항

① 압착 부위가 중앙에 되어야 한다(한쪽으로 기울지 않을 것).

(a) 정상

(b) 불량

(c) 불량

그림 1-16 압축 위치

② 압착 부위에 균열이 없어야 한다.

(a) 정상

(b) 불량

그림 1-17 압축 부위 균열

③ 소선이 너무 길어 볼트 작업에 지장을 주지 않아야 한다. 전선 끝부분은 압착 단자의 환영 부위보다 약 0.5 mm 이상 나오도록 한다.

(a) 정상

(b) 불량

그림 1-18 소선 길이

④ 환영 부위와 피복 간의 간격이 있어야 하며, 필요 이상의 간격을 주지 않는다.

(a) 정상

(b) 불량

그림 1-19 압착 터미널과 전선의 간격

⑤ 터미널 1개에는 한 개의 전선만 삽입한다.

(a) 정상   (b) 불량

그림 1-20 2가닥 이상의 전선 삽입

⑥ 압착 부위는 전선의 피복이나 이물질이 없어야 한다.

(a) 정상   (b) 불량

그림 1-21 이물질 삽입

⑦ 터미널에서 전선이 빠지지 않는지 잡아당겨 확인한다.

(4) 단자대에 터미널 접속

① 단자대의 볼트를 풀어낸다.
② 볼트에 와셔를 꼭 끼워 넣는다.
③ 전선의 모양을 조정하고 단자대에 볼트를 조인다.
④ 2가닥의 전선이 단자대에 연결될 때는 그림 1-22와 같이 연결하고 한 단자에는 2가 닥까지만 접속할 수 있다.

(a) 서로 비스듬히 물림 방법   (b) 서로 등을 맞댄 물림 방법

그림 1-22 2가닥의 전선이 단자대에 연결될 때

2 스터드 단자 접속

비교적 굵은 연선의 접속에 사용되는 방법으로 그림 1-23과 같이 압착 터미널에 심선을 압착하거나 납땜하여 접속한다. 진동이나 온도의 영향으로 단자가 헐거워질 우려가 있는 경우에는 스프링 와셔 또는 더블 너트를 사용한다.

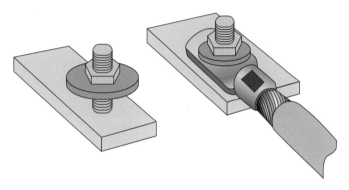

그림 1-23 스터드 단자 접속

시퀀스 제어

1 시퀀스 제어의 개요 및 주요 기기

1-1 시퀀스 제어의 정의

미리 정해 놓은 목표값에 부합되도록 정해진 순서에 따라 제어 대상물을 작동시키는 것을 말한다. 시퀀스 제어에는 반도체 소자를 이용한 무접점 제어 방식과 계전기를 사용한 유접점 제어 방식으로 구분할 수 있다.

1-2 시퀀스 제어의 필요성

일반적으로 산업현장에서의 제어 방식은 시퀀스 제어와 PLC 제어를 병행하여 생산 시스템이 구축되어 있다. 이러한 제어 방식으로 인해 작업자의 안전과 생산율이 향상되며 다음과 같은 효과적인 이점이 있다.

① 작업자의 위험 방지 및 작업 환경 개선
② 불량품 감소로 인한 제품의 신뢰도 증가
③ 생산 속도 증가
④ 인건비 절감
⑤ 생산 설비 수명 연장

1-3 시퀀스 제어의 구성

시퀀스의 구성은 입력부, 제어부, 출력부로 구분할 수 있다. 입력부는 수동 버튼이나 자동 센서 등으로 수동과 자동으로 구분할 수 있다. 제어부는 입력 신호를 이용하여 동작을 구현할 수 있는 부분이며, 출력부는 동작 상태를 사용자에게 알리는 표시부와 전동기 및 각종 실린더 등의 구동부로 구분할 수 있다.

1 시퀀스 제어계의 기본 구성

① 조작부 : 입력 스위치를 사용자가 조작할 수 있는 곳

② 검출부 : 정해진 조건을 검출하여 제어부에 검출하여 제어부에 신호를 보내는 부분

③ 제어부 : 전자 릴레이, 전자 접촉기, 타이머, 카운터 등으로 구성

④ 구동부 : 전동기, 실린더 및 솔레노이드 등으로 실제 동작을 행하는 부분

⑤ 표시부 : 표시 램프로 제어의 진행 상태를 나타내는 부분

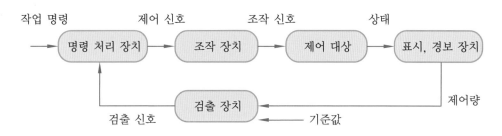

그림 2-1 시퀀스 제어의 기본 구성

1-4 기능에 대한 제어의 용어

- 동작 : 어떤 입력에 의하여 소정의 작동을 하도록 하는 것
- 복귀 : 동작 이전의 상태로 되돌리는 것
- 개로 : 전기 회로에서 스위치나 계전기 등을 이용하여 여는 것
- 폐로 : 전기 회로에서 스위치나 계전기 등을 이용하여 닫는 것
- 여자 : 각종 전자 릴레이, 전자 접촉기, 타이머 등의 코일에 전류가 흘러 전자석으로 되는 것
- 소자 : 여자의 반대로 코일에 전류를 차단하여 자력을 잃게 만드는 것
- 기동 : 기계 장치가 정지 상태에서 운전 상태로 되기까지의 과정
- 운전 : 기계 장치가 동작을 하고 있는 상태
- 정지 : 기계 장치의 동작 상태에서 정지 상태로 하는 것
- 제동 : 기계 장치의 운전 상태를 억제하는 것
- 인칭 : 기계 장치의 순간 동작 운동을 얻기 위해 미소 시간의 조작을 1회 반복하는 것
- 조작 : 인력 또는 기타의 방법으로 소정의 운전을 하도록 하는 것
- 차단 : 개폐 기류의 전기 회로를 열어 전류가 통하지 않도록 하는 것
- 투입 : 개폐 기류의 전기 회로를 닫아 전류가 통하도록 하는 것

- 조정 : 양 또는 상태를 일정하게 유지하거나 일정한 기준에 따라 변화시켜 주는 것
- 연동 : 복수의 동작을 관련시키는 것으로 어떤 조건이 갖추어졌을 때 동작을 진행하는 것
- 인터로크 : 복수의 동작을 관여시켜 어떤 조건이 갖추기까지의 동작을 정지시키는 것
- 보호 : 피제어 대상의 이상 상태를 검출하여 기기의 손상을 막아 피해를 줄이는 것
- 경보 : 제어 대상의 고장 또는 위험 상태를 램프, 버저, 벨 등으로 표시하여 조작자에게 알리는 것
- 트리핑 : 유지 기구를 분리하여 개폐기 등을 개로하는 것
- 자유 트리핑 : 차단기 등의 투입 조작 중에도 트리핑 신호가 가해져 트립되는 것

2 입력 및 구동 기기

2-1 접점의 종류

접점(contact)이란 회로를 접속하거나 차단하는 것으로 a 접점, b 접점, c 접점이 있다.
- a 접점(arbeit contact) : 열려 있는 접점
- b 접점(break contact) : 닫혀 있는 접점
- c 접점(change-over contact) : 전환 접점

항목		a 접점		직선 단자		참고
		횡서	종서	횡서	종서	
수동조작 접점	수동 복귀	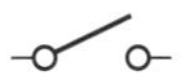				단로 스위치
	자동 복귀	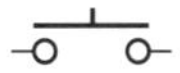				푸시 버튼 스위치
릴레이 접점	수동 복귀					열동 계전기 트립 접점
	자동 복귀					일반 계전기 순시 접점
타이머 접점	한시 동작					ON 타이머
	한시 복귀					OFF 타이머
기계적 접점						리밋 스위치

그림 2-2 접점 기호

2-2 조작용 스위치

1 푸시 버튼 스위치

푸시 버튼 스위치(push button switch)는 제어용 스위치로 스위치의 접점은 a접점과 b접점이 연동 동작된다. 평상시에는 그림 2-4 (a)와 같이 가동 접점과 NC(normal close)의 고정 접점은 닫혀 있으며 NO(normal open)의 고정 접점은 열려 있다. 푸시 버튼 스위치는 1a1b에서 4a4b까지 사용되고 버튼을 누르고 있는 동안만 접점이 개폐되며 손을 떼면 스위치 내부에 있는 스프링의 힘으로 복귀된다.

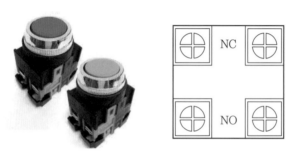

NC : normal close

NO : normal open

그림 2-3 푸시 버튼 스위치

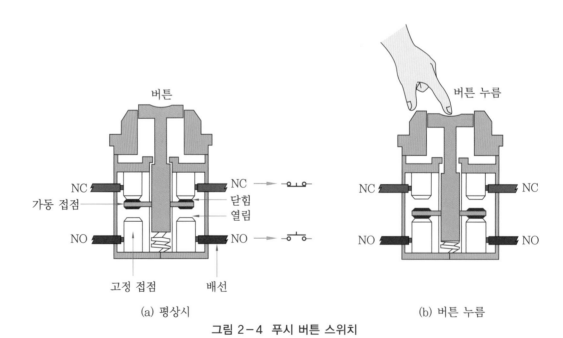

(a) 평상시   (b) 버튼 누름

그림 2-4 푸시 버튼 스위치

일반적으로 기동용으로 녹색, 정지용으로 적색을 사용하여 스위치의 색상에 따라 기능이 구별된다.

2 조광형 푸시 버튼 스위치

조광형 푸시 버튼 스위치는 램프와 스위치의 기능을 가지고 있는 스위치를 조광형 푸시 버튼 스위치라고 한다.

그림 2-5 조광형 푸시 버튼 스위치

3 로터리 스위치

로터리 스위치는 감도 전환이나 주파수의 선택 등 측정하기에 편리하며 접점부의 회전 작동에 의하여 접점을 변환하는 스위치이다.

그림 2-6 로터리 스위치

4 절환용 스위치

절환용 스위치는 슬라이드 스위치의 일종으로 사용 전압에 적당한 전압을 절환하는 유지형 스위치이다.

그림 2-7 절환용 스위치

5 캠 스위치

캠 스위치는 주로 전류계 및 전압계의 절환용으로 이용되고 캠과 접점으로 구성된다. 플러그로서 여러 단수를 연결하여 드럼 스위치보다 이용도가 많으며 소형이다.

그림 2-8 캠 스위치

6 실렉터 스위치

실렉터 스위치는 상태를 유지하는 유지형 스위치로 조작을 가하면 반대 조작이 있을 때까지 조작 접점 상태를 유지한다. 운전과 정지, 자동과 수동 등과 같이 조작 방법의 절환 스위치로 사용되고 있다.

그림 2-9 실렉터 스위치

7 비상 스위치

비상 스위치는 회로를 긴급히 차단할 때 사용하는 돌출형 스위치로서, 눌려져 차단이 유지되고, 우측으로 돌려 복귀시킨다.

8 풋 스위치

풋 스위치는 일반적으로 전동 재봉틀이나 산업용 프레스 등에 널리 사용되고 있으며, 작업자가 양손으로 작업하여 기계 장치의 운전 및 정지 등을 조작하기 위하여 발로 조작할 수 있는 스위치이다.

2-3 전자 계전기(electromagnetic)

1 계전기(relay)

계전기는 코일에 전류를 흘리면 자석이 되는 전자석의 성질을 이용한 것이다. 그림 2-10 (b)와 같이 스위치를 닫아 전류를 흘리면 전자석이 되어 코일의 전기 흐름에 따라서 전자력을 갖는 여자와 전자력을 잃는 소자 상태에 의해 회로를 ON/OFF시키는 원리이다. 대부분의 계전기는 이러한 원리를 이용하여 접점(가동 철편)을 열거나 닫는 역할을 한다.

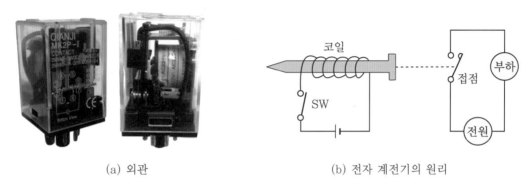

(a) 외관 (b) 전자 계전기의 원리

그림 2-10 릴레이

계전기는 제어 회로에서 보조 계전기의 역할로 사용되고 8핀(2c), 11핀(3c), 14핀(4c)이 있으며, 소켓을 사용하여 배선하고 소켓은 가운데 홈 방향이 아래로 오도록 고정한다.

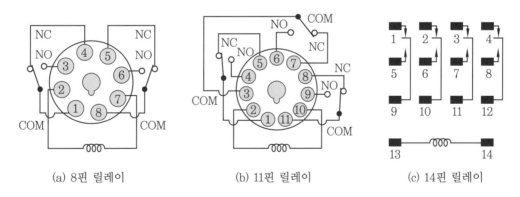

(a) 8핀 릴레이 (b) 11핀 릴레이 (c) 14핀 릴레이

그림 2-11 릴레이 종류별 내부 접속도

2 타이머(timer)

타이머는 임의의 시간차를 두어 접점을 개폐할 수 있는 한시 계전기로 일반적으로 내부에 순시 a 접점, 한시 a 접점 및 한시 b 접점으로 구성되며, 베이스에 꽂아 베이스의 단자를 통해 외부 회로와 결선한다.

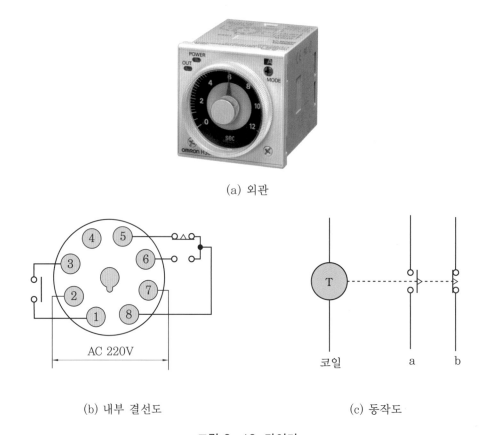

(a) 외관

(b) 내부 결선도   (c) 동작도

그림 2-12 타이머

타이머 접점의 위치나 번호 등은 제품 또는 제조 회사에 따라 차이가 있으므로 사용 시 각 접점의 단자 번호를 잘 선별하여 사용하여야 한다.

타이머는 한시 접점의 동작 상태에 따라 한시 동작 순시 복귀형(on delay timer), 순시 동작 한시 복귀형(off delay timer) 및 한시 동작 한시 복귀형(on off delay timer)으로 구분한다.

(1) 한시 동작 순시 복귀 타이머(on delay timer)

타이머의 전자 코일에 전류가 유입되어 여자되면 타이머의 순시 접점은 즉시 동작되고 한시 접점은 설정 시간 후에 동작되며, 동작 중 전자 코일에 유입되던 전류가 차단되면 타이머의 순시 접점과 한시 접점은 동시에 복귀된다.

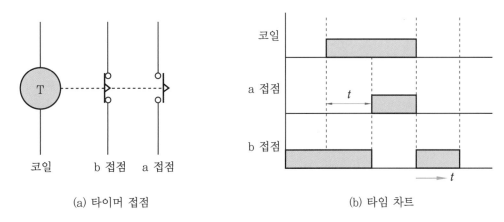

(a) 타이머 접점   (b) 타임 차트

그림 2-13 한시 동작 순시 복귀 타이머

(2) 순시 동작 한시 복귀 타이머(off delay timer)

타이머의 전자 코일에 유입되어 여자되면 타이머의 순시 접점과 한시 접점은 즉시 동작되며, 동작 중 전사 코일에 유입뇌넌 선류가 차단뇌면 타이머의 순시 섭섬은 즉시 복귀되고 한시 접점은 설정 시간 후에 복귀된다.

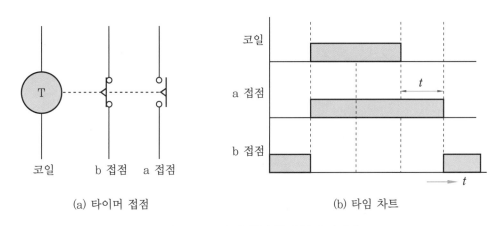

(a) 타이머 접점   (b) 타임 차트

그림 2-14 순시 동작 한시 복귀 타이머

(3) 한시 동작 한시 복귀 타이머(on off delay timer)

타이머의 전자 코일에 전류가 유입되어 여자되면 타이머의 순시 접점은 즉시 동작되고 한시 접점은 설정 시간 후에 동작되며, 동작 중 전자 코일에 유입되던 전류가 차단되면 타이머의 순시 접점은 즉시 복귀되고 한시 접점은 설정 시간 후에 복귀된다.

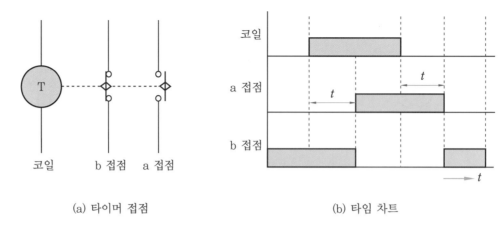

(a) 타이머 접점   (b) 타임 차트

그림 2-15 한시 동작 한시 복귀 타이머

타이머는 일정 시간 동작 회로, 지연 시간 동작 회로, 반복 동작 회로, 지연 복귀 동작
회로 등의 구성에 사용된다.

3 플리커 릴레이(flicker relay)

플리커 릴레이의 2번과 7번에 전원이 투입되면 a 접점과 b 접점이 교대로 점멸되며 점
멸 시간을 사용자가 조절할 수 있고, 주로 경보 신호용 및 교대 점멸 등에 사용된다. 일반
적으로 1번과 3번의 순시 접점이 없는 경우가 많으며 a 접점은 8번과 6번, b 접점은 8번
과 5번이 사용된다.

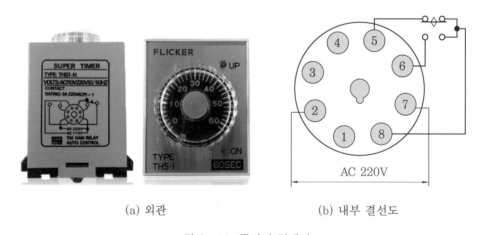

(a) 외관   (b) 내부 결선도

그림 2-16 플리커 릴레이

4 카운터(counter)

생산 수량 및 길이 등 숫자를 셀 때 사용하는 용도로 카운터(counter)는 가산(up), 감
산(down), 가·감산(up down)용이 있으며 입력 신호가 들어오면 출력으로 수치를 표시

한다. 카운터 내부 회로 입력이 되는 펄스 신호를 가하는 것을 세트(set), 취소 및 복귀 신호에 해당되는 것을 리셋(reset)이라고 한다. 계수 방식에 따라서 수를 적산하여 그 결과를 표시하는 적산 카운터와 처음부터 설정한 수와 입력한 수를 비교하여 같을 때 출력 신호를 내는 프리 세트 카운터(free set counter)가 있으며, 출력 방법으로는 계수식과 디지털식이 있다.

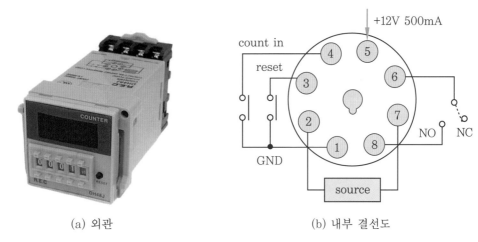

(a) 외관   (b) 내부 결선도

그림 2-17 카운터

5 플로트리스 스위치(floatless switch)

플로트리스 계전기라고도 하며, 공장 등에 각종 액면 제어, 농업용수, 정수장 및 가정의 상하수도에 다목적으로 사용된다. 소형 경량화되어 설치가 편리하며 입력 전압은 주로 220V이고 전극 전압(2차 전압)은 8V로 동작된다. 종류로는 압력식, 전극식, 전자식 등이 있으며 베이스에 삽입하여 사용하도록 8핀과 11핀 등이 있다.

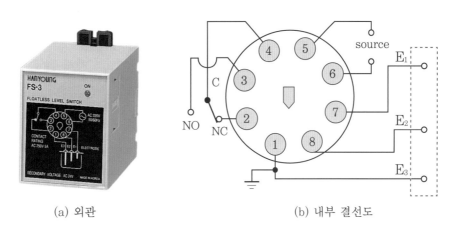

(a) 외관   (b) 내부 결선도

그림 2-18 플로트리스 스위치

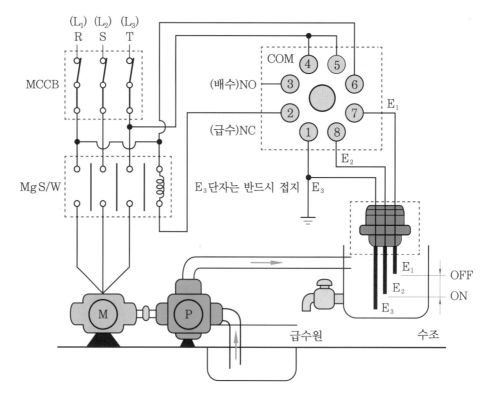

그림 2-19 FLS 8핀 급수 회로 결선도

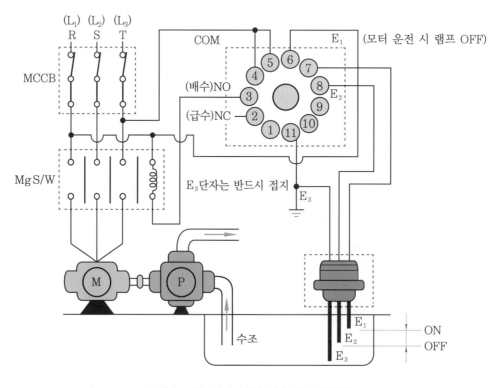

그림 2-20 FLS 11핀 배수 회로 결선도

6 온도 릴레이(temperature relay)

온도 변화에 대해 전기적 특성이 변화하는 서미스터, 백금 등의 저항이 변화하거나 열기전력을 일으키는 열전쌍 등을 이용하여 그 변화에서 미리 설정된 온도를 검출하여 동작하는 계전기이다.

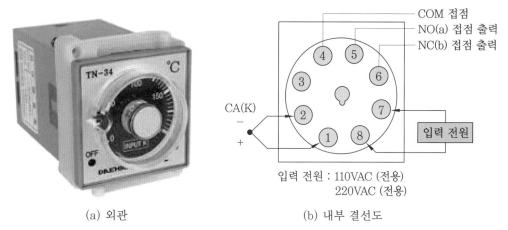

(a) 외관 　　　　(b) 내부 결선도

그림 2-21 온도 릴레이

7 SR 릴레이(set-reset relay)

SR 릴레이는 set, reset시킬 수 있는 릴레이이다. 2개의 c 접점 구조의 릴레이와 정류 회로로 구성되어 있다.

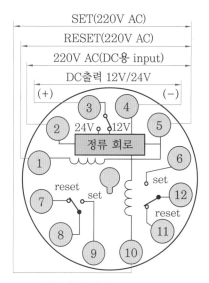

(a) 외관 　　　　(b) 내부 결선도

그림 2-22 SR 릴레이

　　c 접점 구조의 릴레이는 set 코일의 전압에 의한 신호가 가해지면 set되고 전원을 off하여도 reset을 시키지 않으며 스스로 복귀하지 않는 유지형 계전기이다. 정류 회로는 소용량 직류 전원(12V, 24V)을 자체적으로 공급할 수 있는 구조로서, 자체에 부착되어 있는 LED로 동작 상태를 확인할 수 있으며, 퓨즈가 내장되어 과부하나 잘못된 결선으로부터 기기를 보호할 수 있다.

8 파워 릴레이(power relay)

　　파워 릴레이는 전자 접촉기 대신 전력 회로의 개폐가 가능하도록 제작된 것으로 릴레이와 같이 일체형으로 취급이 간단하다.

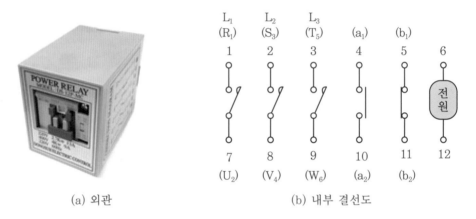

(a) 외관　　　　　　　　　　(b) 내부 결선도

그림 2-23　파워 릴레이

2-4　전자 접촉기(electromagnetic contactor)

　　전자 접촉기는 부하 전류를 개폐할 수 있도록　접점 개폐 용량이 크고 전자 계전기는 접점의 개폐 용량이 작아 큰 부하 전류를 개폐할 수 없다. 회로를 빈번하게 개폐하는 유접점 시퀀스 제어 회로에서 전력용 제어 기기로 사용된다.

　　전자 접촉기의 접점은 주 접점과 보조 접점으로 구성되어 있으며, 주 접점은 큰 전류가 흘러도 안전한 전류 용량이 큰 접점으로 부하 전류를 개폐하는 용도로 사용되며 보조 접점은 적은 전류 용량의 접점으로 제어용 소전류를 개폐하는 용도로 사용된다.

전자 접촉기의 전자 코일에 전류가 흐르면 주 접점과 보조 접점이 동시에 동작된다. 일 반적으로 전자 접촉기는 3개의 주 접점과 몇 개의 보조 접점으로 구성되는데 접점의 수에 따라 4a1b, 5a2b 등으로 구분된다.

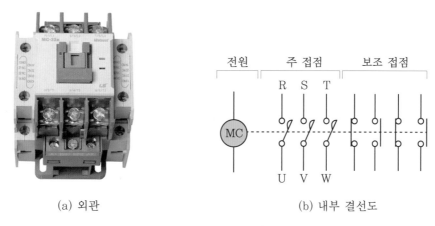

(a) 외관　　　　　　　　　(b) 내부 결선도

그림 2-24 전자 접촉기

1 전자 개폐기

전자 개폐기는 전자 접촉기에 전동기 보호 장치인 열동형 과전류 계전기를 조합한 주회 로용 개폐기이다. 전자 개폐기는 전동기 회로를 개폐하는 것을 목적으로 사용되며, 정격 전류 이상의 전류가 흐르면 자동으로 차단하여 전동기를 보호할 수 있다.

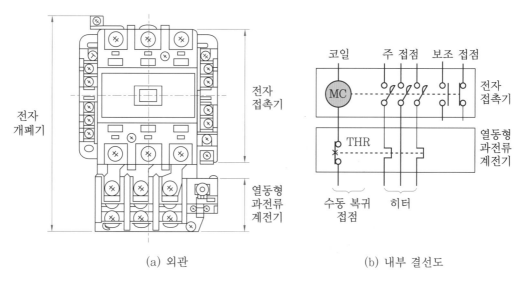

(a) 외관　　　　　　　　　(b) 내부 결선도

그림 2-25 전자 개폐기

2 과전류 계전기

(1) 열동형 과전류 계전기(THR : thermal heater relay)

열동형 과전류 계전기는 저항 발열체와 바이메탈을 조합한 열동 소자와 접점부로 구성되어 있다. 열동 소자는 주 회로에 접속하고 과전류 계전기의 접점은 제어 회로의 조건 접점으로 사용된다. 열동형 과전류 계전기의 트립 동작 확인은 통전 중 트립 체크 막대를 눌러 트립 발생을 확인하여, 트립 발생 후 다시 원상태로 복귀시키려면 복귀 단추를 눌러 주어야 한다. 열동형 과전류 계전기의 동작 전류값을 조정 노브를 이용하여 조정할 수 있으며, 보통 정격의 80~125%로 조정할 수 있다.

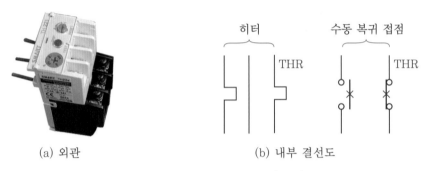

(a) 외관   (b) 내부 결선도

그림 2-26 열동형 과전류 계전기(THR)

(2) 전자식 과전류 계전기(EOCR : electronic over current relay)

전자식 과전류 계전기는 열동식 과전류 계전기에 비해 동작이 확실하고 과전류에 의한 결상 및 단상 운전이 완벽하게 방지된다. 전류 조정 노브와 램프에 의해 실제 부하 전류의 확인과 조정이 가능하고 지연 시간과 동작 시간이 서로 독립되어 있으므로 동작 시간의 선택에 따라 완벽한 보호가 가능하다.

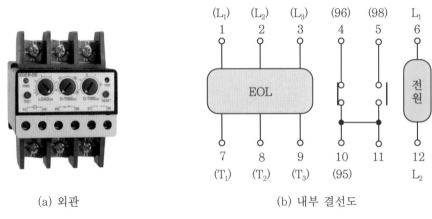

(a) 외관   (b) 내부 결선도

그림 2-27 전자식 과전류 계전기(EOCR)

2-5 차단기 및 퓨즈

1 차단기

(1) 배선용 차단기

배선용 차단기는 일반적으로 NFB의 명칭으로 호칭된다. 교류 1000V 이하, 직류 1500V 이하의 저압 옥내 전압의 보호에 사용되는 몰드 케이스 차단기를 말하며, 과부하 및 단락보호를 겸한다.

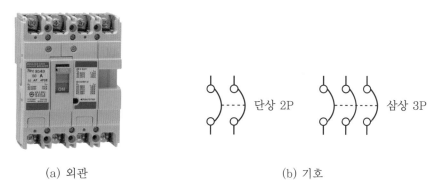

(a) 외관   (b) 기호

그림 2-28 배선용 차단기

(2) 누전 차단기

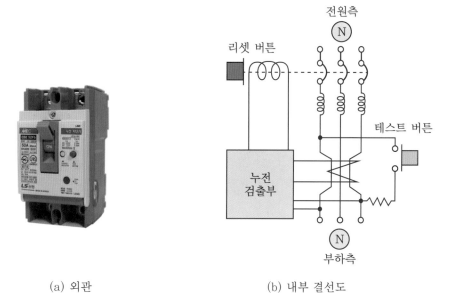

(a) 외관   (b) 내부 결선도

그림 2-29 누전 차단기

누전 차단기는 교류 1000V 이하 전로의 누전에 의한 감전사고를 방지하기 위하여 사용되는 기기로 과부하 및 단락 등의 상태나 누전이 발생할 때 자동적으로 전류를 차단한다.

2 퓨즈(fuse)

퓨즈는 열에 녹기 쉬운 납이나 가용체로 되어 있으며, 과전류 및 단락 전류가 흘렀을 때 퓨즈가 용단되어 회로를 차단시켜 주는 역할을 한다. 퓨즈의 종류는 포장형과 비포장형으로 구분된다.

그림 2-30 퓨즈

(1) 플러그 퓨즈

자동 제어의 배전반용으로 많이 사용되고 있으며 정격 전류는 색상에 의해 구분된다.

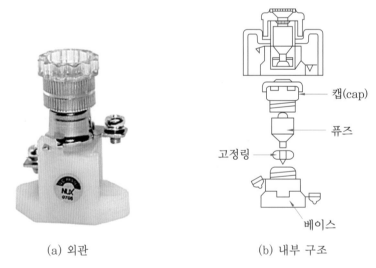

(a) 외관   (b) 내부 구조

그림 2-31 플러그 퓨즈

3 단자대

단자대는 컨트롤반과 조작반의 연결 등에 배선 수와 정격 전류를 감안하여 사용한다. 일반적인 단자대 종류는 고정식과 조립식이 있다.

(a) 고정식 단자대   (b) 조립식 단자대   (c) 단자대 레일

그림 2-32 단자대(TB)

(1) 배선 도체의 상별 색상(3상 교류)

① 제1상 : L_1 : 갈색
② 제2상 : L_2 : 흑색
③ 제3상 : L_3 : 회색
④ 제4상 : N : 녹색/황색

(2) 터미널에 3상 교류 회로를 배치할 경우 전선 배치

① 상하 배치 : 위부터 제1상, 제2상, 제3상, 접지
② 좌우 배치 : 왼쪽부터 접지, 제1상, 제2상, 제3상
③ 원근 배치 : 가까운 곳부터 접지, 제1상, 제2상, 제3상

2-6 표시 및 경보용 기구

시퀀스 제어 회로의 운전 및 정지 상태와 고장 또는 위험한 상태를 알려주는 표시 경보
용 기기로서 램프, 버저, 벨 등이 있다.

1 램프

(1) 표시등

표시등은 기기의 동작 상태를 제어반, 감시반 등에 표시하는 것으로 파일럿 램프(pilot
lamp)라고 하며, 램프에 커버를 부착하여 커버의 색상에 따라 전원 표시등, 고장 표시등
으로 구분한다.

| (a) 외관 | (b) 표시 기호 및 약호 | (c) 단자 구조 |

그림 2-33 표시등

(2) 파일럿 램프의 색상 표시

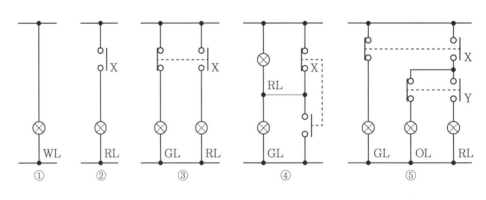

※ WL : 백색 램프   RL : 적색 램프   GL : 녹색 램프
   OL : 황적색 램프   X : 계전기 접점   Y : 계전기 램프

그림 2-34 표시등의 색상 표시

① 전원 표시등 : WL(white lamp ; 백색) : 제어반 최상부의 중앙에 설치
② 운전 표시등 : RL(rad lamp ; 적색) : 운전 중임을 표시
③ 정지 표시등 : GL(green lamp ; 녹색) : 정지 중임을 표시
④ 경보 표시등 : OL(orange lamp ; 황적색) : 경보를 표시
⑤ 고장 표시등 : YL(yellow lamp ; 황색) : 시스템이 고장임을 표시

2 경보용 기구

경보용 기구는 시퀀스 제어 장치에 고장이나 이상이 발생할 때 그 발생을 알리는 역할을 한다.

(1) 벨, 버저

버저의 외관 표시 기호 단자 구조를 나타낸 것이다.

(a) 외관

(b) 표시 기호

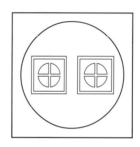
(c) 단자 구조

그림 2-35 버저

3 시퀀스 기본 제어 회로

일반적으로 전개 접속도를 시퀀스도라고 하며, 이는 제어 동작 순서를 알기 쉽도록 기구, 기기, 장치 등의 접속을 전기용 심벌을 사용하여 나타낸 도면이다. 이러한 시퀀스도는 가로로 표현하는 방법과 세로로 표현하는 방법이 있다.

실체 배선도는 부품의 배치, 배선 상태 등을 실제 구성에 맞추어 배선의 접속 관계를 그린 배선도이다. 실제로 장치를 제작하거나 보수 및 점검할 때에 배선 상태를 정확히 확인할 수 있다.

3-1 누름 버튼 스위치를 이용한 기본 회로

1 누름 버튼 스위치(PBS) 직렬 회로

동작 설명

PBS_1과 PBS_2를 동시에 누르는 동안 램프는 점등된다.

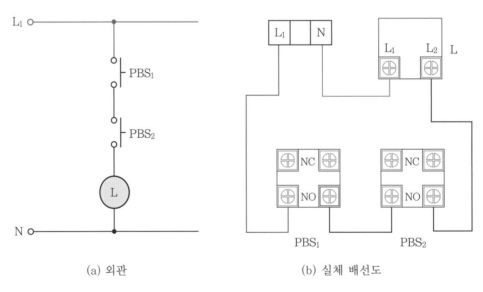

(a) 외관   (b) 실체 배선도

그림 2-36 누름 버튼 스위치(PBS) 직렬 회로

② 누름 버튼 스위치(PBS) 병렬 회로

동작 설명

① PBS$_1$을 누르면 램프는 점등된다.
② PBS$_2$를 누르면 램프는 점등된다.
③ PBS$_1$과 PBS$_2$를 동시에 누르면 램프는 점등된다.

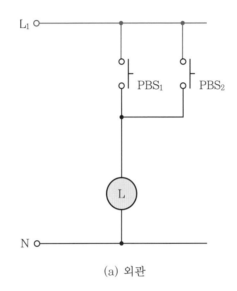

(a) 외관

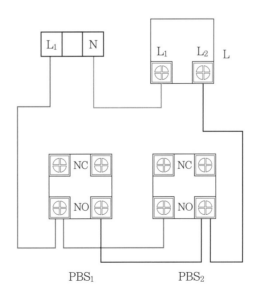

(b) 내부 결선도

그림 2-37 누름 버튼 스위치(PBS) 병렬 회로

3 누름 버튼 스위치 직·병렬 회로

동작 설명

① PBS$_1$을 누르면 램프는 점등된다.

② PBS$_2$를 누르면 램프는 점등된다.

③ PBS$_1$ 또는 PBS$_2$를 누르는 동안 PBS$_3$를 누르면 램프는 소등된다.

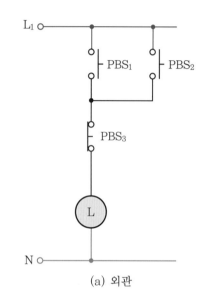

(a) 외관

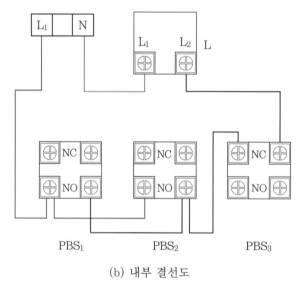

(b) 내부 결선도

그림 2-38 누름 버튼 스위치 직·병렬 회로

3-2 자기 유지 회로

자동 제어를 수행하기 위해서는 일반적으로 복귀형 푸시 버튼 스위치를 이용하여 시퀀스 제어 회로를 구성한다. 복귀형 스위치는 압력을 가하지 않으면 초기의 상태로 복귀하므로 상태를 계속 유지하기 위하여 사용하는 회로가 자기 유지 회로라고 하며 기억 회로라고도 한다. 자기 유지 회로는 OFF 우선 회로와 ON 우선 회로로 구분한다.

1 자기 유지 기본 회로

동작 설명

① PBS₁을 눌러 전원을 공급하였을 때 코일 X는 여자되어 a 접점이 닫힌다.
② 입력 PBS₁을 off하여도 회로는 a 접점을 통하여 X의 코일은 계속 여자된다.
③ X코일이 계속 여자되어 있는 상태에서 소자되도록 하려면 자기 유지 접점을 통하여 릴레이에 공급하는 전원을 차단시켜야 한다. 즉 입력을 상실하도록 해야 한다.

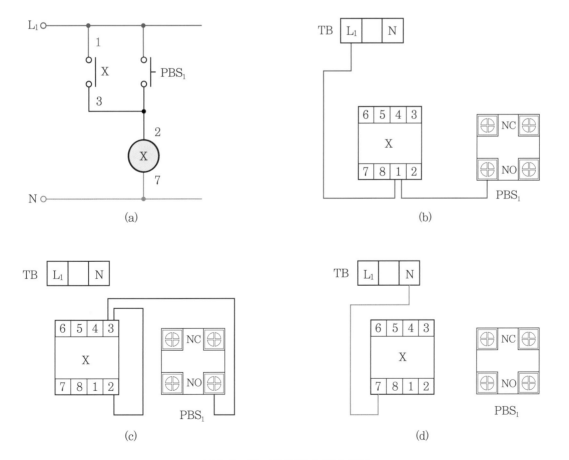

그림 2-39 자기 유지 기본 회로

2 ON 우선 동작 회로

다음 그림은 입력의 차단 방법을 말하는 것이며, 누름 버튼 스위치 PBS₁과 PBS₂를 동시에 누르면 릴레이가 여자되어 동작하는 회로이다.

동작 설명

PBS₁과 PBS₂를 동시에 눌렀을 때 누름 버튼 스위치 PBS₁에 의하여 회로가 연결되어 릴레이 X가 여자되므로 ON이 우선인 회로라고 한다.

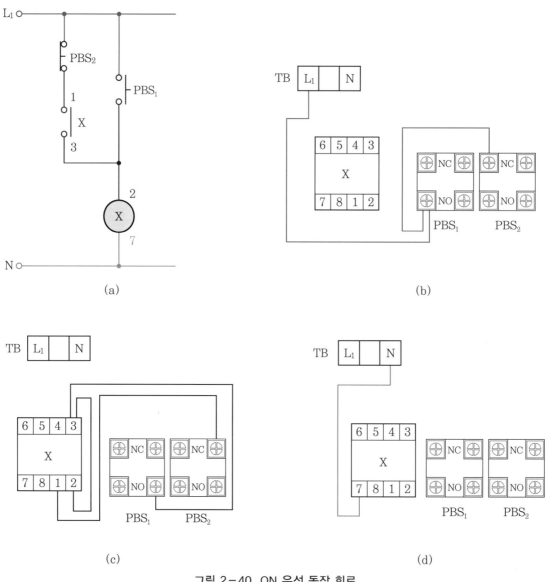

그림 2-40 ON 우선 동작 회로

3 OFF 우선 동작 회로

다음 그림은 입력의 차단 방법 중 하나이며, 누름 버튼 스위치 PBS$_1$과 PBS$_2$를 동시에 누르면 PBS$_2$에 의해서 회로가 차단되는(b접점 입력이 열리면 릴레이 동작이 정지되는) 회로이다.

동작 설명

PBS$_1$과 PBS$_2$를 동시에 눌렀을 때 누름 버튼 스위치 PBS$_2$에 의하여 회로가 차단되므로 릴레이 X는 여자되지 않는다.

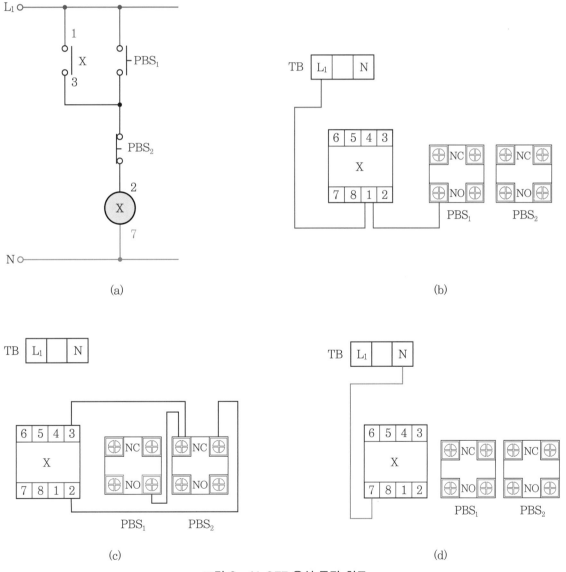

(a) (b) (c) (d)

그림 2-41 OFF 우선 동작 회로

4 2중 코일 회로

다음 그림은 큰 전류가 흘러서 릴레이의 접점을 동작시키는 동작 코일 X_1과 동작 후 작은 전류로 동작 상태를 유지시키는 유지 코일 X_2를 가지고 있으며, 각각의 동작 상태를 이용하여 자기 유지시키는 회로이다.

동작 설명

① PBS_1을 누르면 코일 X_1이 여자되어 릴레이 X_1의 a 접점이 닫히고, PBS_2의 b 접점과 X_1 접점을 통하여 회로가 구성되어 코일 X_2도 여자된다.

② PBS_1에서 손을 떼었을 때 동작 코일 X_1은 소자되어 동작이 정지되고, 코일 X_2는 계속 자기 유지된다.

③ PBS_2를 눌렀을 때 유지 회로도 차단되고 X_2가 소자되어 모든 동작이 중지된다.

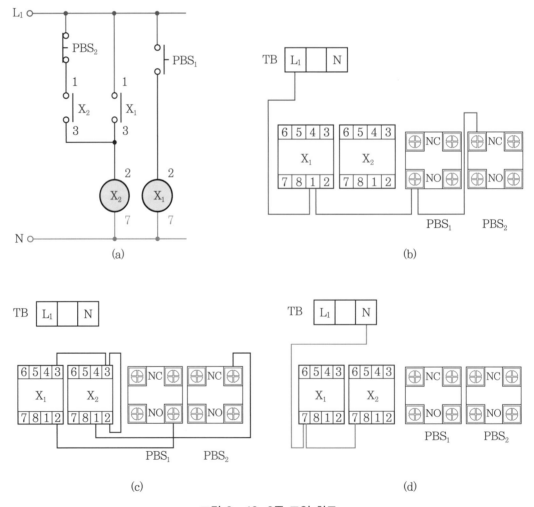

그림 2-42 2중 코일 회로

⑤ 쌍안정 회로

다음 그림과 같이 기계적 접점인 유지형 접점을 사용한 릴레이로서 작동 코일과 복귀 코일의 2개의 코일이 있으며, 접점은 기계적으로 유지되고, 단일 접점은 한 방향에서 다른 쪽으로 이동시키는 일을 한다.

동작 설명

① PBS$_1$을 눌러 전원을 공급하였을 때 릴레이 코일 X$_1$이 여자되고, PBS$_1$을 제거해도 그 상태를 계속 유지한다.

② PBS$_2$를 누르면 릴레이 코일 a 접점 X$_1$이 닫혀 있는 상태이므로 릴레이 코일 X$_2$가 여자되고 X$_2$의 b 접점에 의해 X$_1$이 소자되며, X$_1$의 a 접점에 의해 X$_2$도 소자된다.

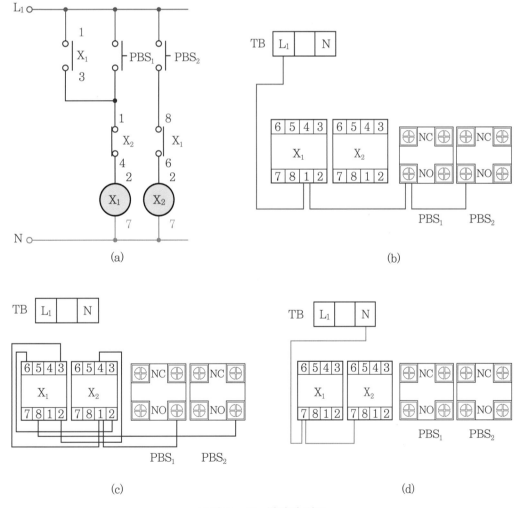

그림 2-43 쌍안정 회로

3-3 2개소 기동 · 정지 회로

별개의 2개소에서 각각 계전기 코일 X를 여자 및 소자시킬 수 있는 제어 회로로서 기동용 버튼 스위치는 병렬로 연결하고 정지용 버튼 스위치는 직렬로 연결하여 구성한다.

1 OFF 우선 회로의 2개소 기동 · 정지 회로

동작 설명

① PBS$_1$ 또는 별개의 개소 PBS$_2$를 누르면 릴레이 코일 X가 여자 및 자기 유지된다.
② PBS$_3$ 또는 PBS$_4$를 누르면 X는 소자된다.

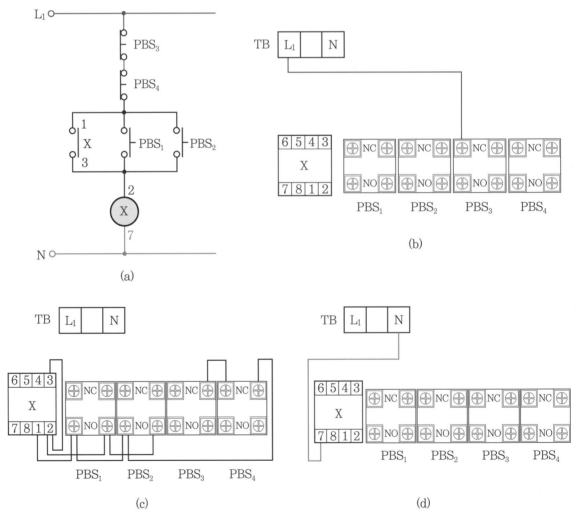

그림 2-44 OFF 우선 회로의 2개소 기동 · 정지 회로

② ON 우선 회로의 2개소 기동 · 정지 회로

동작 설명

PBS₁을 눌러 전원을 공급하였을 때 릴레이 코일 X₁이 여자되고, PBS₁을 제거해도 그 상태를 계속 유지한다.

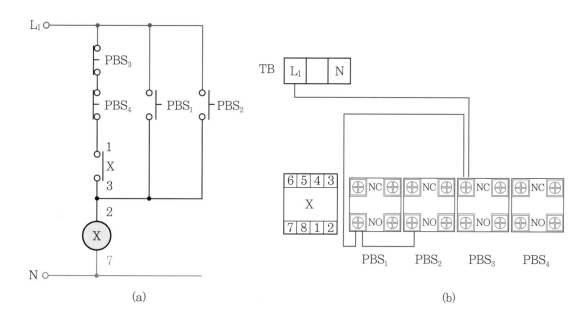

(a)   (b)

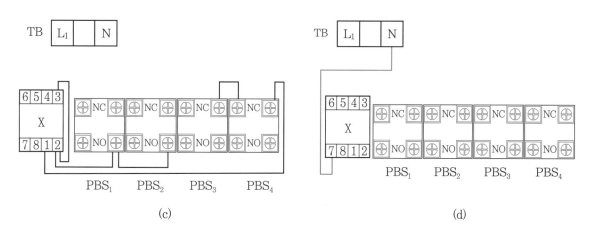

(c)   (d)

그림 2-45 ON 우선 회로의 2개소 기동 · 정지 회로

3-4 인칭 회로

기동 및 정지용 버튼 스위치에 의한 계전기 코일의 여자와 소자 동작을 얻는 것 이외에 기계의 미소 시간의 순간 동작을 얻기 위해 인칭용 버튼 스위치를 누르는 동안에만 계전기가 여자되어 동작하는 회로이며 촌동 회로라고도 한다.

1 OFF 우선 인칭 회로

동작 설명

① PBS₁을 누르면 X는 여자되고 자기 유지가 구성된다.
② PBS₂를 누르면 계전기 코일 X는 소자된다.
③ PBS₃를 누르면 누르는 동안만 계전기 코일 X가 여자되고 PBS₃에서 손을 떼면 계전기 코일 X가 소자되어 정지한다.

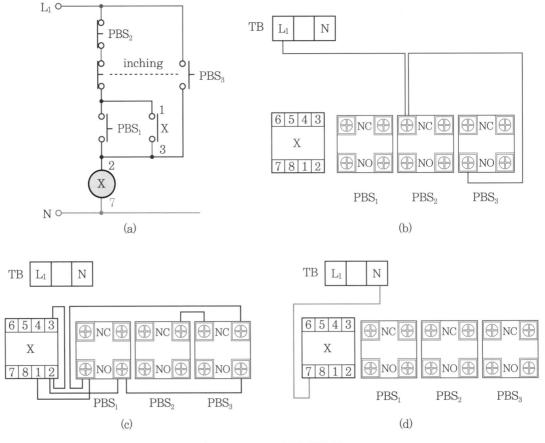

그림 2-46 OFF 우선 인칭 회로

2 ON 우선 인칭 회로

동작 설명

① PBS$_1$을 누르는 동안 X는 여자된다.

② PBS$_2$를 누르면 X는 여자되고 자기 유지가 구성된다.

③ PBS$_3$를 누르면 X은 소자된다.

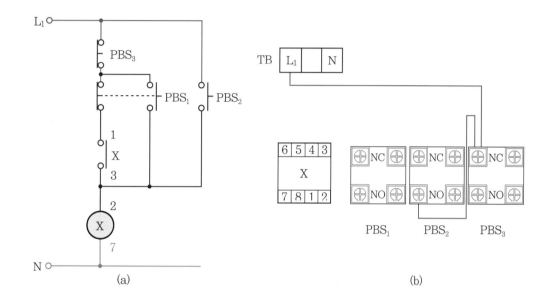

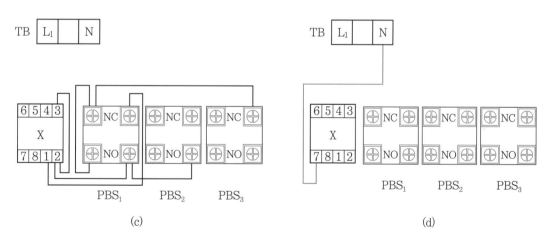

그림 2-47 ON 우선 인칭 회로

3-5 우선 회로(인터로크 회로)

2개의 입력 중 먼저 동작시킨 쪽의 회로가 우선적으로 동작하며, 다른 쪽에 입력 신호가 들어오더라도 동작하지 않는 회로로 주로 전동기의 정·역 회로에서 회로 보호용으로 사용되며 인터로크 회로라고 한다.

1 선행 우선 회로

여러 개의 입력 신호 중 제일 먼저 들어오는 신호에 의해 동작하고 늦게 들어오는 신호는 동작하지 않는 회로를 선행 우선 회로라 한다.

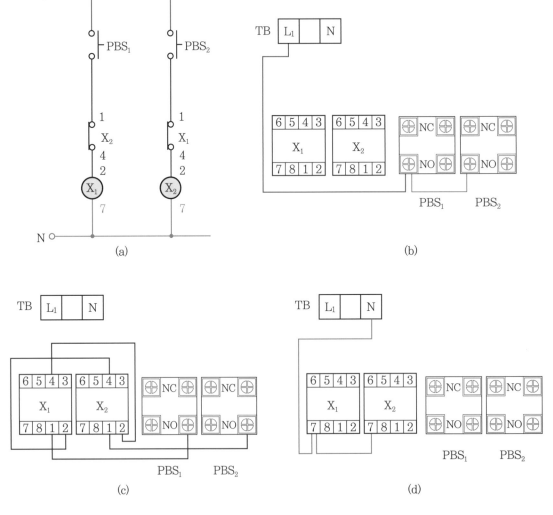

그림 2-48 선행 우선 회로

① PBS$_1$을 누르면 릴레이 코일 X$_1$이 동작한다. 이때 릴레이 코일 X$_1$의 b 접점은 떨어지며, PBS$_2$를 눌러도 X$_2$는 동작하지 않는다.

② X$_1$이 동작하지 않을 때 PBS$_2$를 누르면 릴레이 코일 X$_2$ 코일이 동작한다. 이때 릴레이 코일 X$_2$가 동작하면 릴레이 코일 X$_2$ 코일의 b 접점은 떨어지며, PBS$_1$을 눌러도 릴레이 코일 X$_1$ 코일의 b 접점에서 차단되어 릴레이 코일 X$_2$는 동작하지 않는다.

2 우선 동작 순차 회로

여러 개의 입력 조건 중 어느 한 곳의 최소 입력이 부여되면 그 입력이 제거될 때까지는 다른 입력을 받아들이지 않고 그 회로 하나만 동작한다.

PBS$_1$, PBS$_2$, PBS$_3$ 중 제일 먼저 누른 스위치에 의해 X$_4$의 릴레이가 동작한다. 이때 X$_4$의 b 접점이 각각 회로에 직렬로 연결되어 있어서 다른 푸시 버튼 스위치를 눌러도 릴레이는 동작하지 않는다. 따라서 가장 먼저 누른 신호가 우선이 된다.

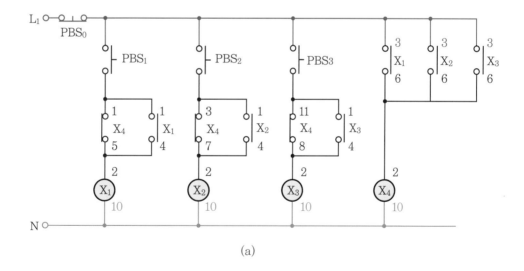

(a)

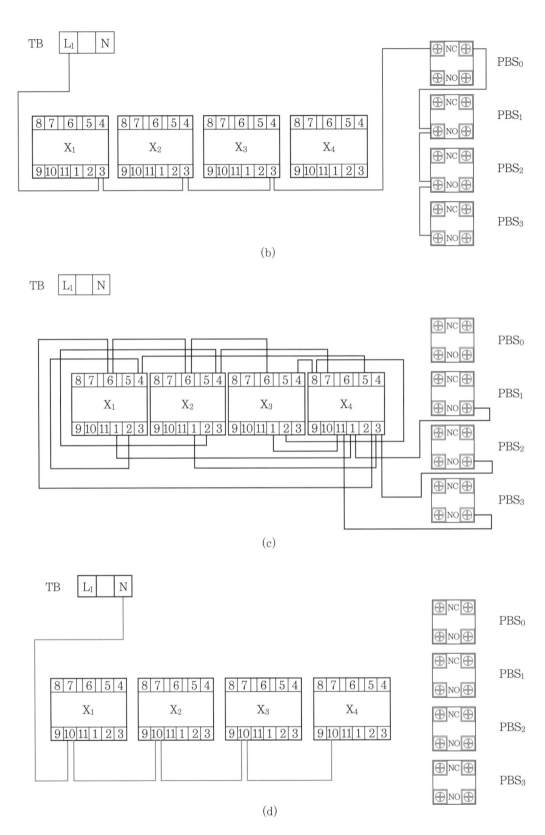

그림 2-49 우선 동작 순차 회로

❸ 순위별 우선 회로

입력 신호에 미리 우선 순위를 정하여 우선 순위가 높은 입력 신호에서 출력을 내는 회로이며, 입력 순위가 낮은 곳에 입력이 부여되어 있어도 입력 순위가 높은 곳에 입력이 부여되면 낮은 쪽을 제거하고 높은 쪽에서만 출력을 낸다.

동작 설명

① PBS_1을 누르면 릴레이 코일 X_1이 동작한다. 릴레이 코일 X_1이 동작하면 릴레이 코일 X_1의 b 접점 X_1을 열어도 릴레이 코일 X_2, 릴레이 코일 X_3, 릴레이 코일 X_4의 회로를 차단한다.

② PBS_2를 누른 후 PBS_1를 눌렀을 때 먼저와 같이 되어 릴레이 코일 X_2는 동작하지 않는다.

③ PBS_2를 누른 후 PBS_1의 입력을 주었을 때도 릴레이 코일 X_2는 동작하지 않는다. 릴레이 코일 X_2가 동작되면 릴레이 코일 X_2의 b 접점 X_2를 열어서 릴레이 코일 X_3, 릴레이 코일 X_4의 회로를 off시킨다. 그러나 입력 PBS_1을 누르면 다시 릴레이 코일 X_1은 동작되고 b 접점 X_1에 의해 릴레이 코일 X_2의 동작은 정지된다.

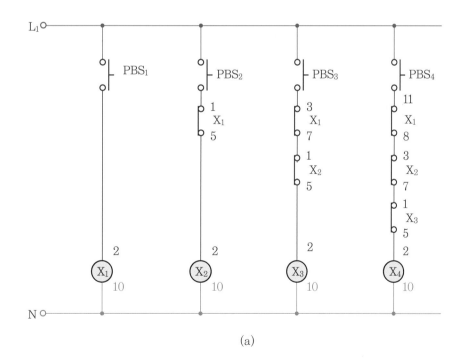

(a)

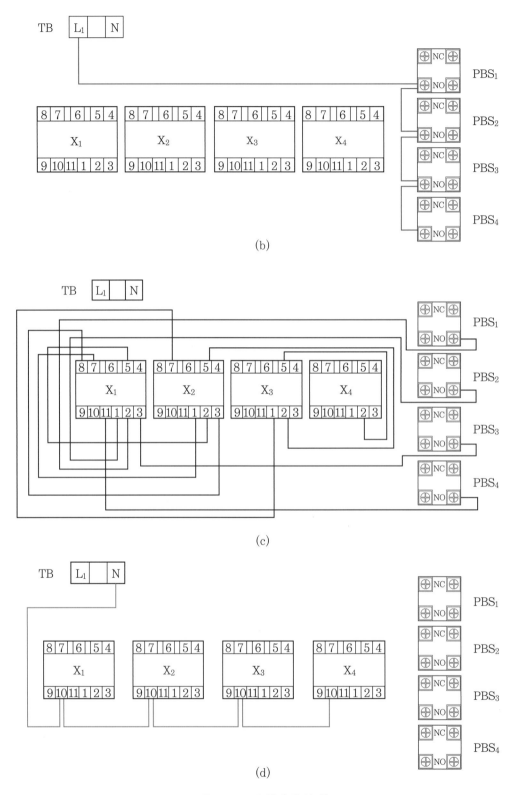

(b)

(c)

(d)

그림 2-50 순위별 우선 회로

3-6 타이머 회로

타이머는 정해진 설정 시간이 경과한 후에 그 접점이 개로(open) 또는 폐로(close)하는 장치로서 인위적으로 시간 지연을 만들어 내는 한시 계전기를 말한다.

1 지연 동작 회로

동작 설명

① PBS₁을 누르면 타이머 코일 T가 동작을 시작한다. 타이머 코일 T가 동작되면 타이머 순시 a 접점에 의해 자기 유지된다.

② PBS₂를 누르면 타이머의 전원이 차단되며, 타이머의 한시 동작 순시 복귀 접점이 원래의 상태로 돌아온다.

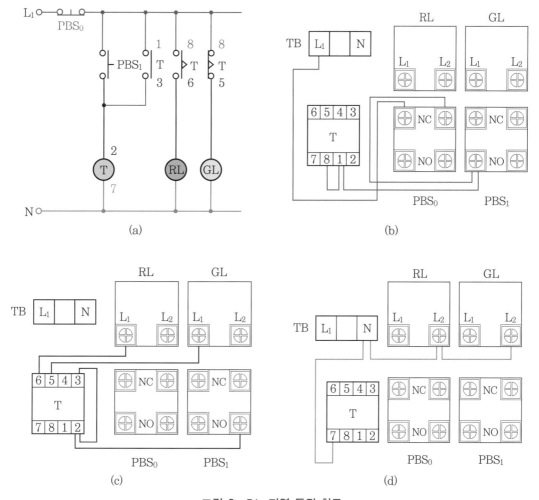

그림 2-51 지연 동작 회로

2 순시 동작 한시 복귀 동작 회로

동작 설명

① PBS₁을 누르면 릴레이 코일 X_1이 여자되며 릴레이 a 접점에 의해 자기 유지된다.

② PBS₂를 누르면 릴레이 코일 X_1 회로가 차단되고 릴레이 X_1의 b 접점이 닫혀서 타이머 코일 T가 동작된다. 설정 시간 후 타이머의 한시 접점 T가 열려서 릴레이 코일 X_2의 전원도 차단시킨다.

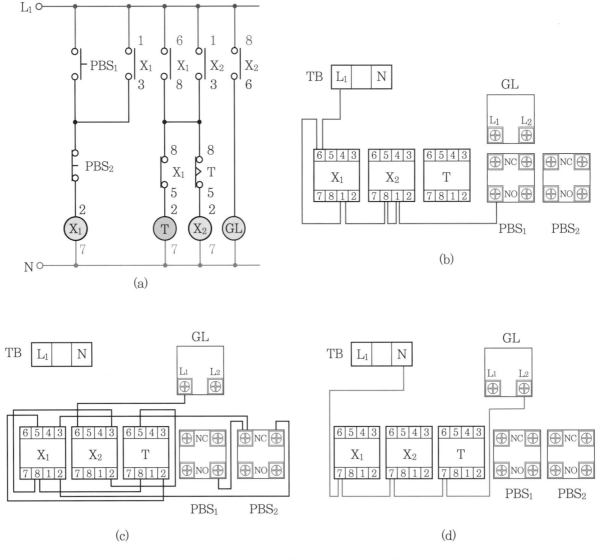

그림 2-52 순시 동작 한시 복귀 동작 회로

3 지연 동작 한시 복귀 동작 회로

동작 설명

① PBS₁을 누르면 T₁이 동작하고, t초 후에 릴레이 코일 X₁이 동작하여 자기 유지된다.

② 타이머 T₂에 의해 t초 후에 릴레이 코일 X가 소자된다.

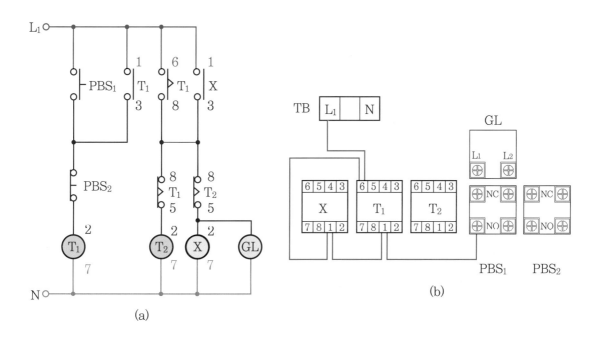

(a)

(b)

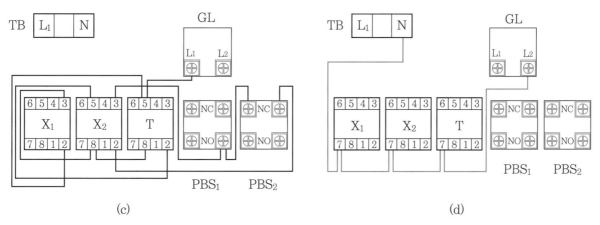

(c)

(d)

그림 2-53 지연 동작 한시 복귀 동작 회로

4 지연 간격 동작 회로

입력 신호를 주면 설정 시간이 지난 후부터 출력을 시작하여 일정 시간 동안 출력을 내는 회로이다.

동작 설명

PBS_1을 누르면 T_1은 자기 유지된다. T_1의 t초 후에 T_2가 여자되고 GL램프는 점등되며 T_2 타이머의 t초 후에 GL램프는 소등된다

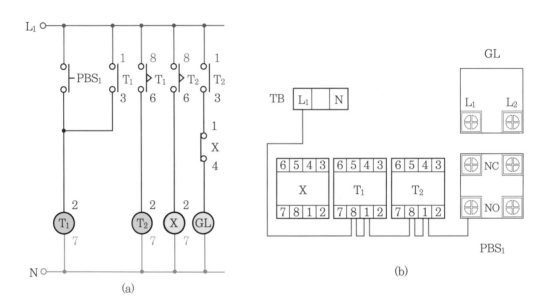

(a)

(b)

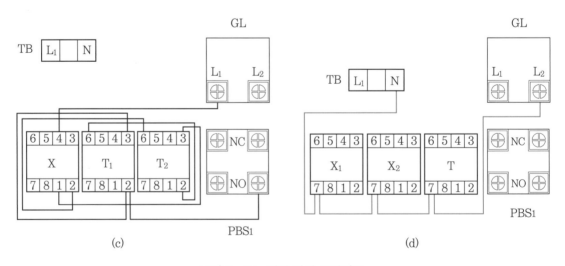

(c)

(d)

그림 2-54 지연 간격 동작회로

---

5 주기 동작 회로

입력 신호에 의해서 일정 시간 동안 출력을 유지하다가 출력이 정지되고 출력이 정지된 후 다시 일정 시간이 지나면 다시 출력을 내는 출력의 동작을 반복하는 회로이다.

동작 설명

① PBS$_1$을 누르면 릴레이 X와 T$_1$은 여자되고 릴레이 X에 의해 자기 유지되고 GL램프가 점등된다.
② 타이머 T$_1$의 t초 시간 후 T$_2$는 여자되고 T$_1$이 소자, GL램프가 소등된다.
③ 타이머 T$_2$의 t초 시간 후 T$_2$는 소자되고 다시 T$_1$이 여자되며 처음부터 다시 반복한다.

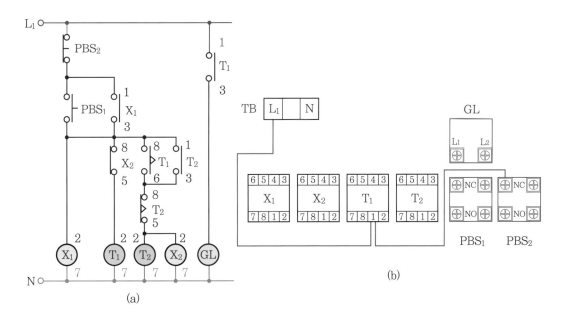

(a)

(b)

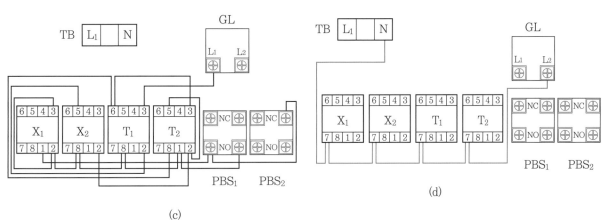

(c)

(d)

그림 2-55 주기 동작 회로

6 동작 검출 회로

입력 신호가 설정된 시간보다 길어질 경우에 작동하는 회로이다.

동작 설명

① PBS₁을 누르는 시간이 타이머 설정 시간보다 길어질 경우 릴레이 X는 여자되고 램프 YL은 점등된다.

② PBS₂를 누르면 릴레이 X는 소자되고 YL은 소등된다.

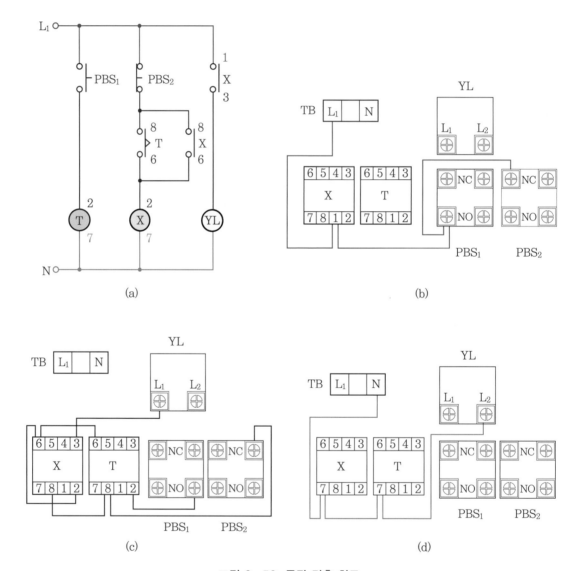

그림 2-56 동작 검출 회로

4　유도 전동기 제어 회로

4-1　유도 전동기의 종류

1 농형 유도 전동기

　회전자의 구조가 간단하고 튼튼하며 운전 성능이 좋으므로 대부분의 삼상 전동기는 농형이다. 기동시에 큰 기동 전류(전부하 전류의 500~600%)가 흐르게 되어 권선이 타기 쉽고 공급 전원에 나쁜 영향을 끼친다. 기동 토크는 전부하 토크의 100~150% 정도이다.

2 권선형 유도 전동기

　회전자에도 3상 권선을 감고(주로 Y결선), 각각의 단자를 슬립링을 통하여 저항기에 연결한다. 저항기의 저항치를 가감하여 광범위하게 기동 특성을 바꿀 수 있는 특징을 가지고 있다. 회전자 권선으로 인하여 농형보다 구조가 복잡하고 기동 전류는 전부하 전류의 100~150% 정도이며, 기동 토크는 전부하 토크의 100~150% 정도이므로 상대적으로 적은 전원 용량에서 큰 기동 토크를 얻을 수 있다. 기동이 빈번하여 농형으로는 열적으로 부적합한 경우 사용되고 있다.

4-2　3상 유도 전동기 전전압 기동법

　3상 유도 전동기는 기동 시 기동 전류가 정격 전류의 5~6배로 증가된다.
　일반적으로 기동 전류가 증가되어도 큰 문제가 되지 않는 5HP 이하의 소형 유도 전동기에서는 기동 시 전원 전압을 그대로 전동기에 인가시키는 전전압 기동 방법이 사용되며 직입 기동법이라고도 한다. 일반적으로 기동 전류가 증가되어도 큰 문제가 되지 않는 5HP 이하의 소형 유도 전동기에서는 기동 시 전원 전압을 그대로 전동기에 인가시키는 전전압 기동 방법이 사용되며 직입 기동법이라고도 한다.

1 3상 유도 전동기 정·역 운전

동력을 얻기 위한 경우 3상 유도 전동기가 일반적으로 사용되며, 1kW 이하의 소형인 경우에는 단상 유도 전동기를 사용한다. 전동기의 회전 방향을 변경하는 것을 정·역 제어라고 한다.

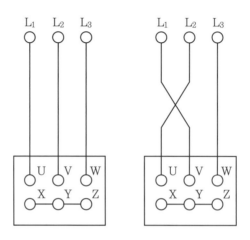

그림 2-57 3상 유도 전동기 정·역 결선

3상 유도 전동기의 정·역 운전은 전동기에 결선된 전원 L_1, L_2, L_3 상 중에서 임의의 두 상을 서로 바꾸어 결선한다. 단상 유도 전동기의 정·역 변경은 기동 코일과 운전 코일의 결선을 전동기 외부에서 전자 접촉기를 사용하여 기동 코일에 흐르는 전류의 방향이 반대가 되도록 접속을 반대로 바꾸어 준다.

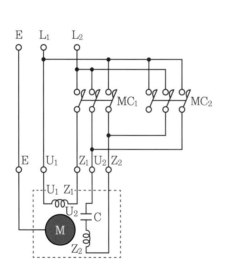

그림 2-58 단상 유도 전동기의 정·역

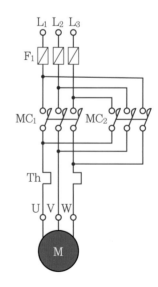

그림 2-59 3상 유도 전동기의 정·역

동작 설명

① 푸시 버튼 스위치 PBS_1을 누르면 전자 접촉기 코일 MC_1이 여자되어 전동기는 정회
   전 방향으로 운전된다.

② 정회전 운전 중 푸시 버튼 스위치 PBS_2를 누르면 전자 접촉기 코일 MC_2가 여자되
   어 전동기는 역회전 방향으로 운전된다.

③ 역회전 운전 중 정회전 PBS_1을 누르면 바로 정회전으로 전환되어 운전된다.

④ 정회전이나 역회전 운전 중 푸시 버튼 스위치 PBS_0를 누르면 전동기는 정지된다.

⑤ RL_1은 정회전 동작 표시등, RL_2는 역회전 운전 표시등이며, GL은 정지 표시등이다.

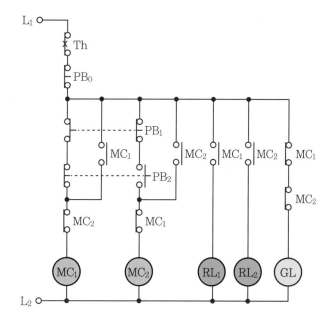

그림 2-60 정 · 역 제어 회로

4-3   3상 유도 전동기 Y-Δ 기동법

3상 농형 유동 전동기는 기동할 때 정격 전류의 5~6배 정도의 큰 기동 전류가 흐르게 되는데 이러한 기동 전류는 전동기의 권선을 과열시키고 역률을 저하시킬 뿐만 아니라 다른 부하에도 나쁜 영향을 미친다.

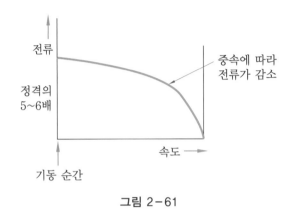

그림 2-61

① Y-Δ 기동 식은 기동 시에 고정자 권선을 Y결선으로 접속하여 기동하고 속도가 상승하면 Δ결선으로 전환시켜 운전하는 방법이다.

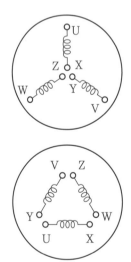

Y결선의 접속	Δ결선의 접속
L₁ → U	L₁ → U − Y
L₂ → V	L₂ → V − Z
L₃ → W	L₃ → W − X
X−Y−Z : 접속	

그림 2-62

② Y결선으로 기동하면 권선에 선전압의 $\dfrac{1}{\sqrt{3}}$ 전압이 가해져 전류가 $\dfrac{1}{3}$로 감소되어 기동 전류가 전부하 전류의 200~250% 정도로 제한되고, 또한 기동 토크는 $\dfrac{1}{3}$로 감소된다.

③ 기동 전류와 기동 토크가 작고 기동 중 토크의 증가율이 작다. 또한 가속 중 주 회로가
   Y결선에서 Δ결선으로 전환 시 개방되므로 전원에 충격이 가해지는 단점이 있다.

④ 보통 경부하로 기동되는 5~15 kW 정도인 전동기에 이용되며 선반, 밀링 등의 공작용
   기계에서 많이 사용된다.

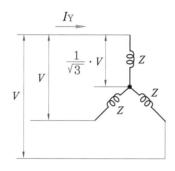

$$I_Y = \frac{\dfrac{1}{\sqrt{3}} \cdot V}{Z} = \frac{V}{\sqrt{3} \cdot Z}$$

그림 2-63

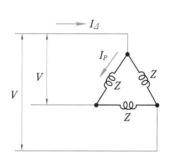

$$I_\Delta = \sqrt{3} \cdot \frac{V}{Z} = \frac{\sqrt{3} \cdot V}{Z}$$

$$\frac{I_Y}{I_\Delta} = \frac{\dfrac{V}{\sqrt{3} \cdot Z}}{\dfrac{\sqrt{3} \cdot V}{Z}} = \frac{1}{3}$$

그림 2-64

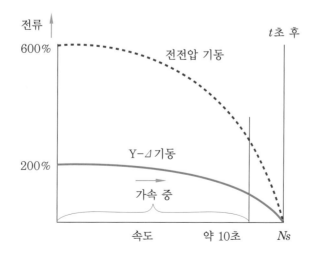

그림 2-65 Y-Δ 기동의 기동 전류 특성

참고 자료 계전기 내부 회로도 및 소켓 번호

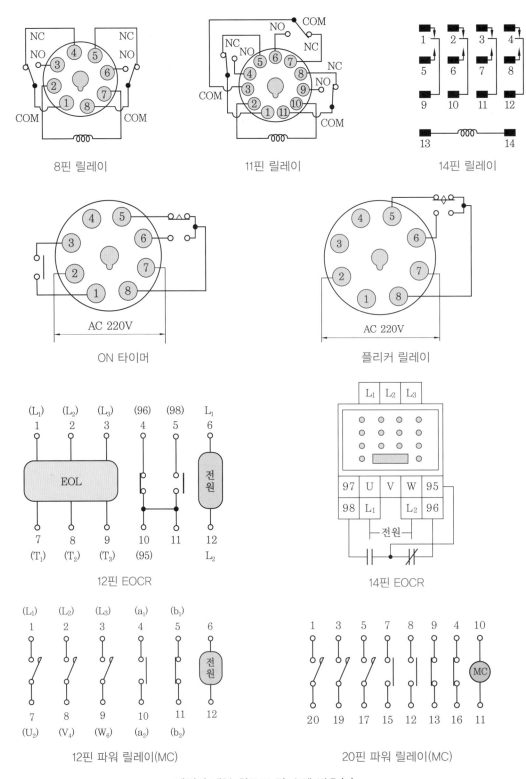

계전기 내부 회로도 및 소켓 번호(1)

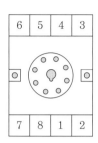

8핀 릴레이 소켓

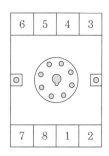

8핀 소켓 (타이머, FR, TC, FLS)

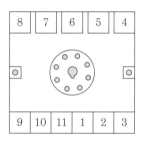

11핀 릴레이 소켓(1단)

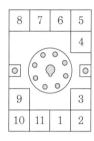

11핀 릴레이 소켓(2단)

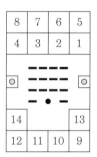

14핀 릴레이 소켓

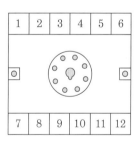

12핀 MC, EOCR 소켓

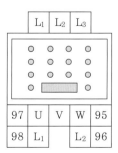

14핀 EOCR 소켓

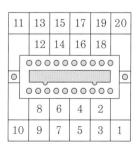

20핀 MC 소켓

계전기 내부 회로도 및 소켓 번호(2)

승강기기능사 실기 기초

1 승강기기능사 전체 작업 순서

① 와이어로프 작업 및 제출
② 시퀀스 제어 회로 번호 기입(번호 기입은 틀리지 않도록 2번 정도 검토가 필요)
③ 제어반에 기구 배치 및 고정(계전기 베이스의 홈은 아래 방향으로 고정)
④ 주회로 구성(적색 연선으로 터미널 작업)
⑤ 보조 회로 구성(청색 단선)
⑥ 완성된 시퀀스 제어반 비전원 테스트(테스터기 또는 벨 테스터기) 및 제출

1 와이어로프 작업 방법

① 와이어로프를 작업하기 위한 기본 공구를 준비한다. 장갑은 미끄럽지 않은 장갑이 좋다.

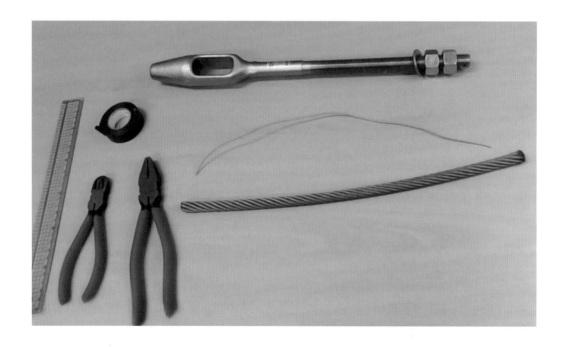

② 와이어로프 끝단에 와이어가 풀리지 않도록 테이핑 해준다.

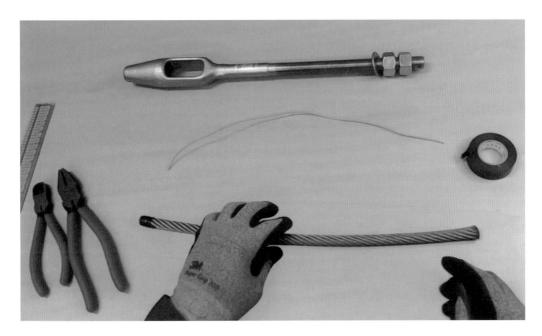

③ 와이어 앞단(작업 부분)의 끝에서 약 10~12cm 부분에 바인드선을 2~3회 돌려 묶는다.

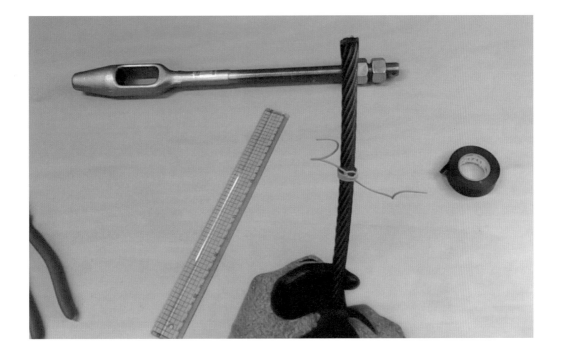

④ 바인드선을 묶은 부분에는 바인드선이 흘러내리지 않도록 2~3회 정도 단단하게 테이프로 감아준다.

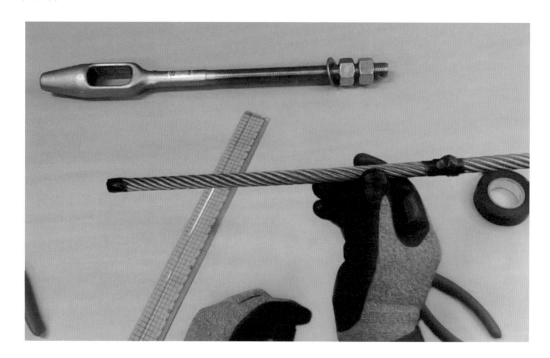

⑤ 와이어 작업단 스트랜드(와이어로프의 새끼줄)를 손으로 한 가닥씩 풀어준다.

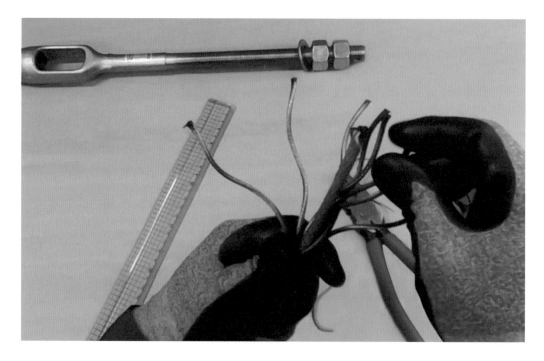

⑥ 스트랜드는 중심으로부터 45° 정도만 펴주고 중심에 있는 코어를 최대한 깊게 잘라준다. 코어는 깊게 잘라줘야 작업하기가 좋다. 코어는 한 번에 잘리지 않으므로 2~3회 돌려가며 자른다.

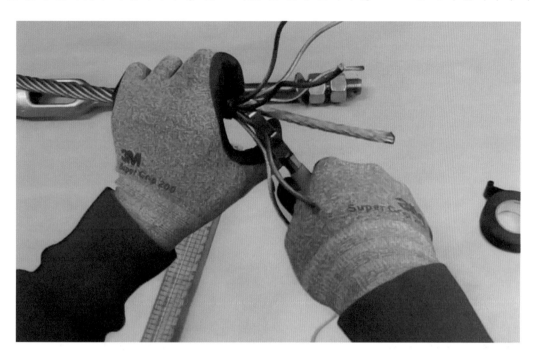

⑦ 스트랜드를 풀고 코어를 자른 상태이다.

⑧ 스트랜드를 코어의 끝까지 반을 접는다 생각하고 뒤로 접는다. 연습이 많이 필요한 과정이다. 처음에는 많은 힘이 필요하지만 숙련이 되면 쉽게 접을 수 있다. 손으로 하기 어렵다면 플라이어나 펜치 등의 공구를 사용하여 접는다.

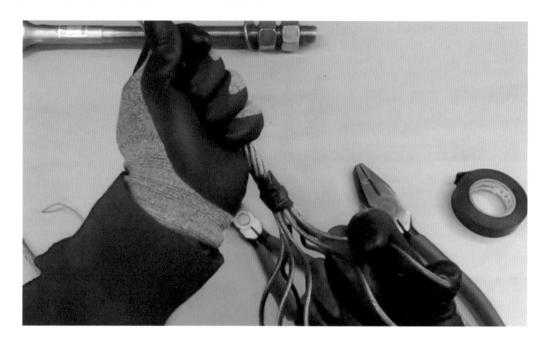

⑨ 뒤로 반을 접은 스트랜드의 끝을 시계 방향으로 돌리면서 오른쪽에 있는 스트랜드 하단에 걸친다.

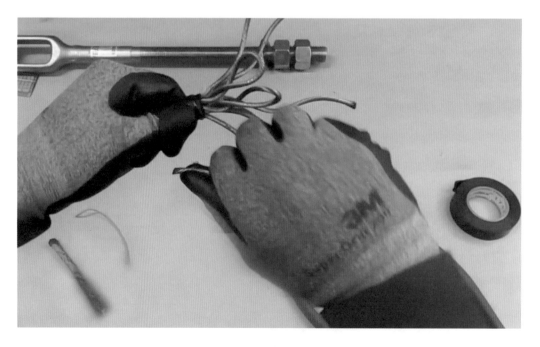

⑩ 스트랜드 끝을 시계 방향으로 돌려 오른쪽 스트랜드 하단에 걸친 상태이다.

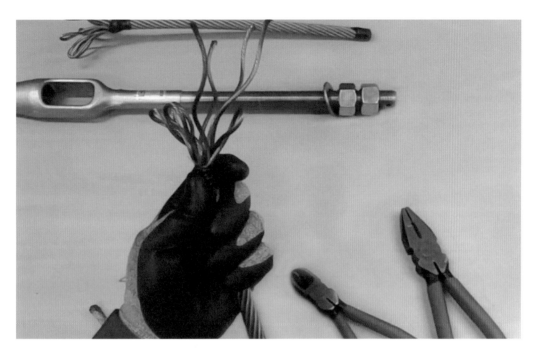

⑪ 오른쪽 하단에 걸쳐진 스트랜드를 펜치를 사용하여 살짝 누르면서 시계 반대 방향으로 꼬아준다. 꼬아진 스트랜드 끝부분을 중심 심지 부분에 꽂는다.

⑫ 이렇게 모든 스트랜드를 작업하면 다음과 같이 국화 모양으로 완성이 된다.

⑬ 작업된 와이어를 소켓에 넣고 당기면 다음과 같이 작업이 완성된다.

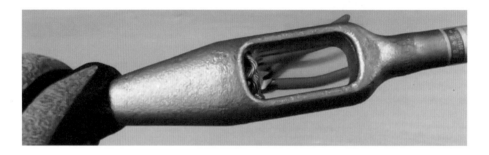

⑭ 다음과 같이 완성된 와이를 제출한다.

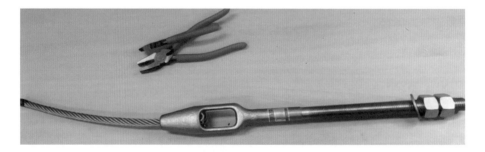

참고 와이어로프 작업은 시험장마다 감독관의 지시에 따라 작업해야 한다. 와이어의 사용하지 않는 끝단에 테이핑을 하지 않는 경우나, 바인더선을 사용하지 않으면 불합격하는 경우도 있으니 반드시 감독관의 자시를 잘 듣고 작업하기 바란다.

2 시퀀스 제어반 구성

① 회로도와 배치도를 참고하여 다음과 같이 배치하고 고정한다. 고정 시 계전기 베이스의 홈은
하단으로 향하게 배치하고, 램프와 버튼의 색상과 위치를 확인한다.

② 승강기기능사 주회로 부분은 다음과 같이 적색 연선을 사용하여 터미널 작업을 해준다.

③ 주회로 배선을 시작한다.

④ 주회로 배선은 터미널 작업을 하기 때문에 일반 단자 배선보다 시간이 더 소요된다.

⑤ 주회로가 완성되면 다음과 같이 청색 단선을 사용하여 보조 회로를 구성한다.

⑥ 주회로와 보조 회로 구성이 완료되면 다음과 같이 케이블타이로 묶어준다.

2 승강기기능사 시퀀스 제어 도면 구성 순서

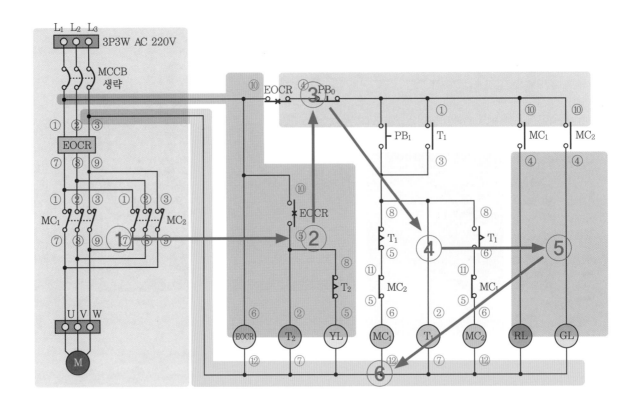

시퀀스 제어 회로는 좌측에서 우측으로, 위에서 아래로 회로 구성하는 것을 권장한다. 시퀀스 제어 회로의 모든 회로는 위 그림처럼 구성 순서에 따라 회로를 연결하는 습관으로 연습한다.

구성 순서 ① → ② → ③ → ④ → ⑤ → ⑥

① 주회로 부분
② 주회로에서 보조 회로를 연결하는 EOCR 전원 부분과 박스에 표시된 부분을 구성한다.
③ EOCR ④번에서 인출되는 전선으로부터 보조 회로의 상단 부분을 구성한다.
④ 보조 회로의 중앙 부분을 구성한다.
⑤ 보조 회로의 우측 부분을 구성한다.
⑥ 보조 회로의 하단 부분과 주회로 EOCR ③번과 회로를 구성한다.

> **참고** 승강기기능사 실기에서는 주회로를 적색 연선으로 사용한다. 연선을 사용 시 터미널과 압착펜치를 사용하여 회로를 구성하고, 보조 회로는 청색 단선을 사용한다.

3 주회로 결선

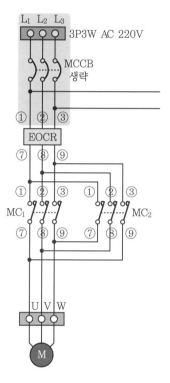

단자대 L₁, L₂, L₃에서 EOCR의 ①, ②, ③번으로 연결한다.

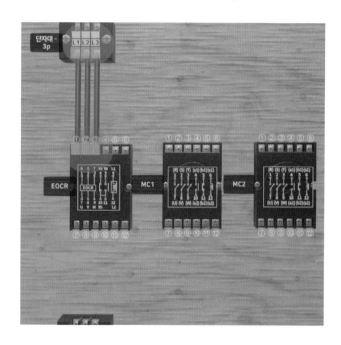

EOCR ⑦, ⑧, ⑨번에서 MC₁의 ①, ②, ③으로 연결한다.

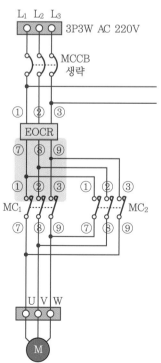

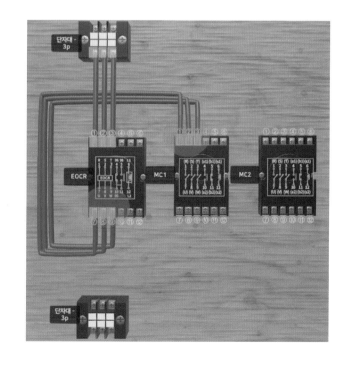

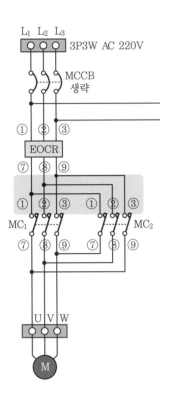

MC₁ ①, ②, ③번에서 MC₂ ①, ②, ③번으로 연결한다.

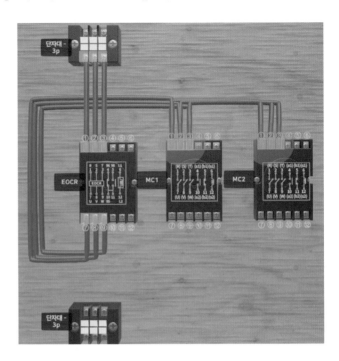

MC₁ ⑦ → MC₂ ⑨번, MC₁ ⑧ → MC₂ ⑧번, MC₁ ⑨ → MC₂ ⑦번으로 연결한다.

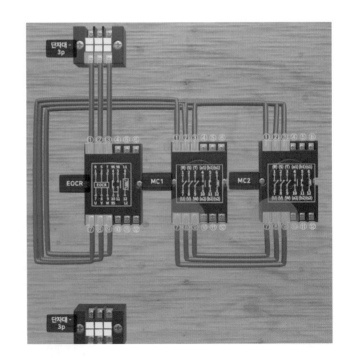

MC₁ ⑦, ⑧, ⑨번에서 단자대 U, V, W로 연결한다.

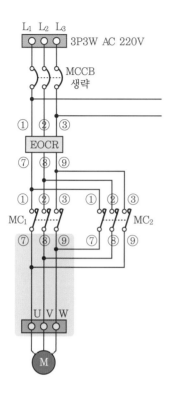

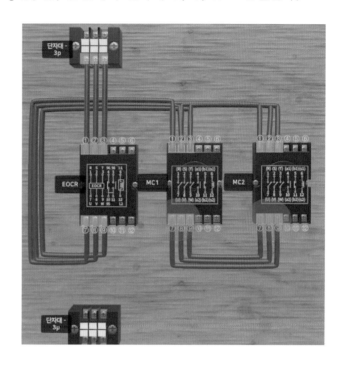

4 시퀀스 제어반 비전원 테스트 방법

벨 테스터를 하기 전에 램프의 색상과 버튼의 색상이 맞는지를 도면을 보고 확인한다.

일반적으로 벨 테스터기를 사용하여 전선의 연결 상태를 테스트한다. 테스트를 진행하기 위해 벨 테스터기와 자석 연결 점프선 3개 정도가 필요하다.

단자대 L_1, L_2, L_3에서 EOCR의 ①, ②, ③번을 각각 벨 테스터로 테스트하면 벨이 울린다.

MC_1 ①, ②, ③번과 ⑦, ⑧, ⑨번을 자석 점프선으로 연결한 뒤, EOCR ⑦ ↔ 단자대 U, EOCR ⑧ ↔ 단자대 V, EOCR ⑨ ↔ 단자대 W를 벨 테스터로 테스트하면 벨이 울린다.

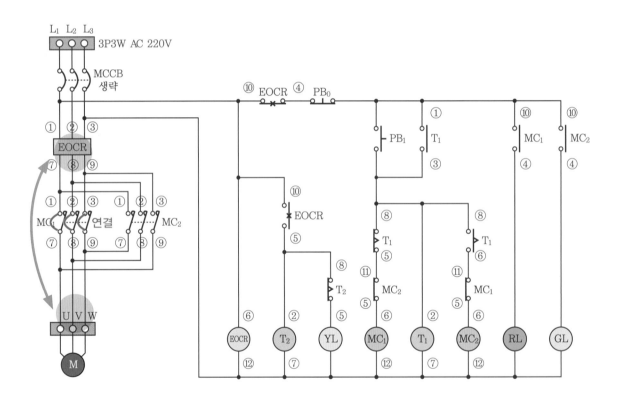

MC₂ ①, ②, ③번과 ⑦, ⑧, ⑨번을 자석 점프선으로 연결한 뒤, EOCR ⑦ ↔ 단자대 W, EOCR ⑧ ↔ 단자대 V, EOCR ⑨ ↔ 단자대 U를 벨 테스터로 테스트하면 벨이 울린다.

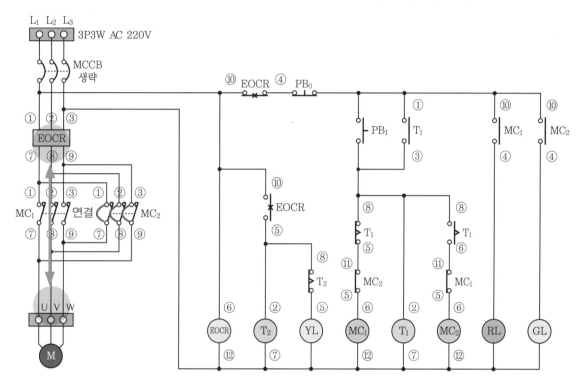

[A ↔ B] 단자대 L₁과 EOCR ⑥번을 벨 테스터로 테스트하면 벨이 울린다.

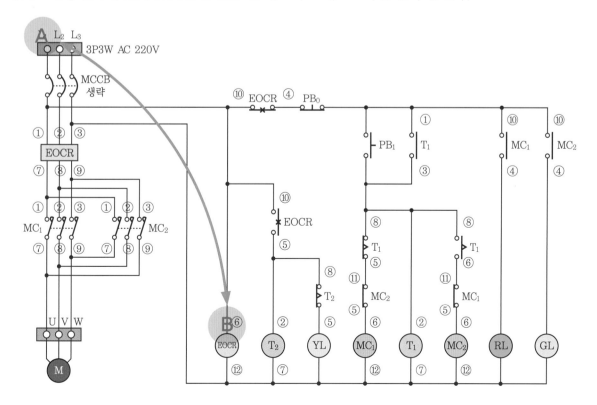

[A ↔ C] EOCR ⑩번과 ⑤번을 자석 점프선으로 연결한 뒤, 단자대 L_1과 T_2의 ②번을 벨 테스터로 테스트하면 벨이 울린다.

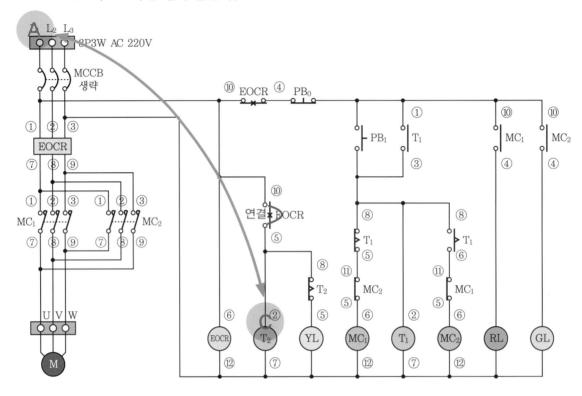

[A ↔ D] EOCR ⑩번과 ⑤번과 T_2 ⑧번과 ⑤번을 자석 점프선으로 연결한 뒤, 단자대 L_1과 YL 처음 단자를 벨 테스터로 테스트하면 벨이 울린다.

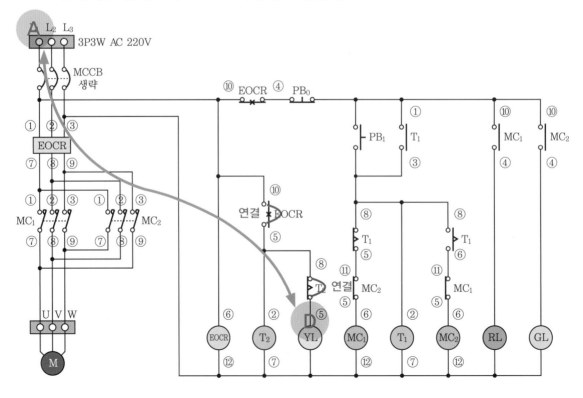

[A ↔ 3] EOCR ⑩번과 ④번을 자석 점프선으로 연결한 뒤, 단자대 L_1과 T_1의 ③번을 벨 테스터로 선택하고 PB_1을 누르면 벨이 울린다.

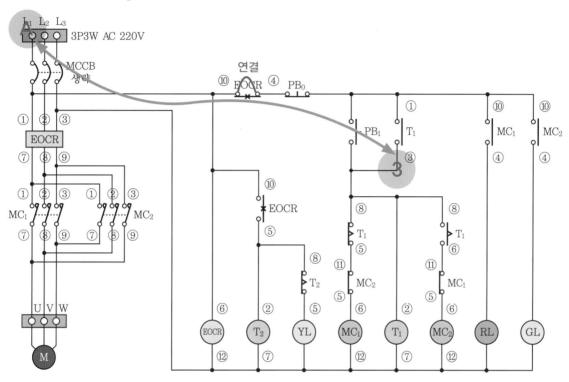

[A ↔ E] EOCR ⑩번과 ④번, T_1의 ⑧번과 ⑤번, MC_2의 ⑪번과 ⑤번을 자석 점프선으로 연결한 뒤, 단자대 L_1과 MC_1 ⑥번을 벨 테스터로 선택하고 PB_1을 누르면 벨이 울린다.

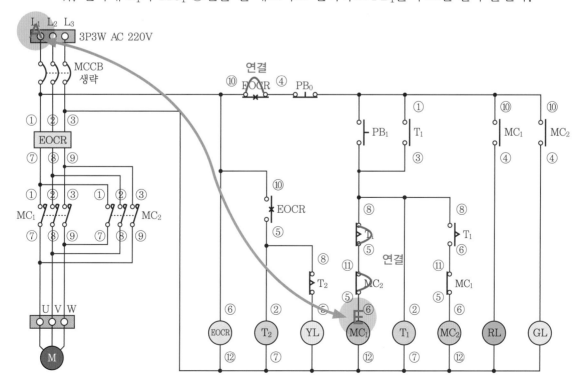

[A ↔ F] EOCR ⑩번과 ④번을 자석 점프선으로 연결한 뒤, 단자대 L_1과 T_1을 벨 테스터로 선택하고 PB_1을 누르면 벨이 울린다.

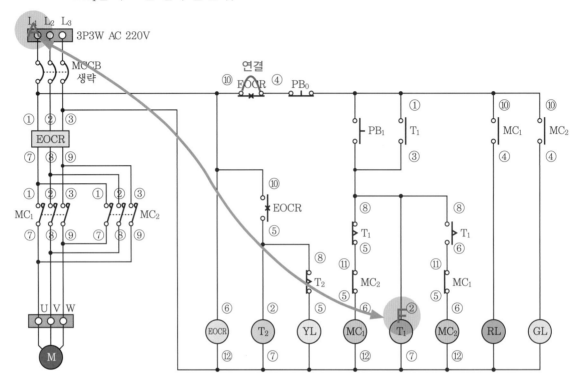

[A ↔ G] EOCR ⑩번과 ④번, T_1의 ⑧번과 ⑥번, MC_1의 ⑪번과 ⑤번을 자석 점프선으로 연결한 뒤, 단자대 L_1과 MC_2 ⑥번을 벨 테스터로 선택하고 PB_1을 누르면 벨이 울린다.

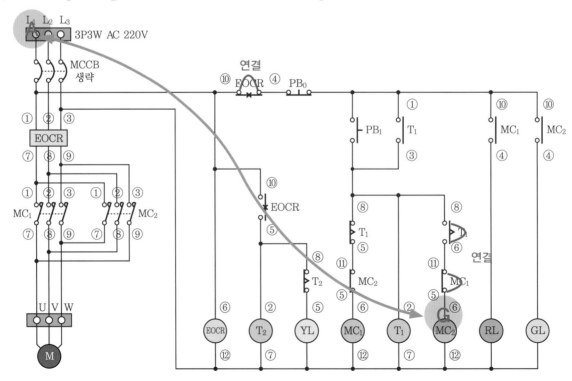

[A ↔ H] EOCR ⑩번과 ④번, MC₁의 ④번을 자석 점프선으로 연결한 뒤, 단자대 L₁과 RL램프의 처음 단자를 벨 테스터로 선택하면 벨이 울린다.

[A ↔ I] EOCR ⑩번과 ④번, MC₂의 ④번을 자석 점프선으로 연결한 뒤, 단자대 L₁과 GL램프의 처음 단자를 벨 테스터로 선택하면 벨이 울린다.

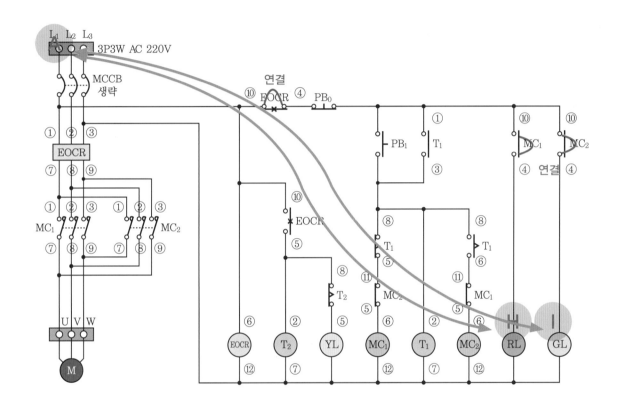

[a ↔ b] 단자대 L_3과 EOCR ⑫번을 벨 테스터로 선택하면 벨이 울린다.

[a ↔ c] 단자대 L_3과 T_2 ⑦번을 벨 테스터로 선택하면 벨이 울린다.

[a ↔ d] 단자대 L_3과 YL 다음 단자를 벨 테스터로 선택하면 벨이 울린다.

[a ↔ e] 단자대 L_3과 MC_1 ⑫번을 벨 테스터로 선택하면 벨이 울린다.

[a ↔ f] 단자대 L_3과 T_1 ⑦번을 벨 테스터로 선택하면 벨이 울린다.

[a ↔ g] 단자대 L_3과 MC_2 ⑫번을 벨 테스터로 선택하면 벨이 울린다.

[a ↔ h] 단자대 L_3과 RL 다음 단자를 벨 테스터로 선택하면 벨이 울린다.

[a ↔ i] 단자대 L_3과 GL 다음 단자를 벨 테스터로 선택하면 벨이 울린다.

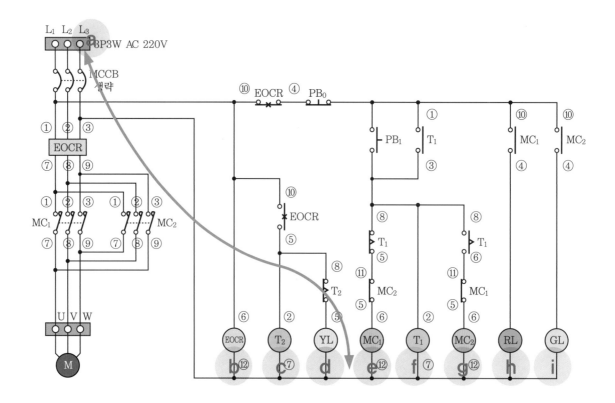

승강기기능사 공개문제

공개문제 ①

(1) 기구 배치도

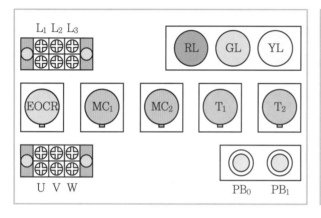

(2) 범례

기구	색상	재료명
PB$_0$	녹색	푸시버튼 스위치
PB$_1$	적색	푸시버튼 스위치
PB$_2$	적색	푸시버튼 스위치
GL	녹색	램프
RL	적색	램프
YL	황색	램프

(3) 기구의 내부 결선도 및 구성도

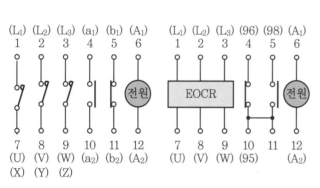

[전자접촉기 내부 결선도]   [EOCR 내부 결선도]

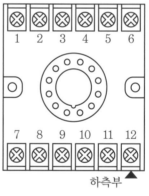

[12P 소켓(베이스) 구성도]

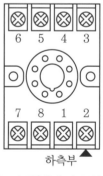

[8P 소켓(베이스) 구성도]

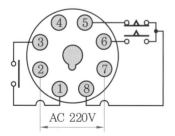

[타이머 내부 결선도]

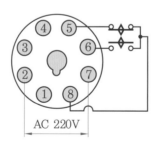

[FR 내부 결선도]

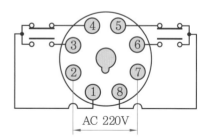

[릴레이 내부 결선도]

[회로도]

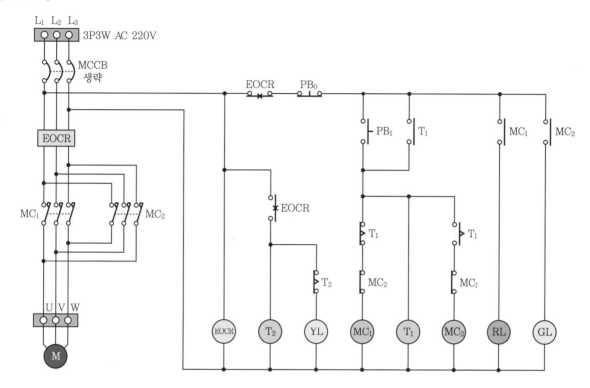

[회로도 번호 기입]

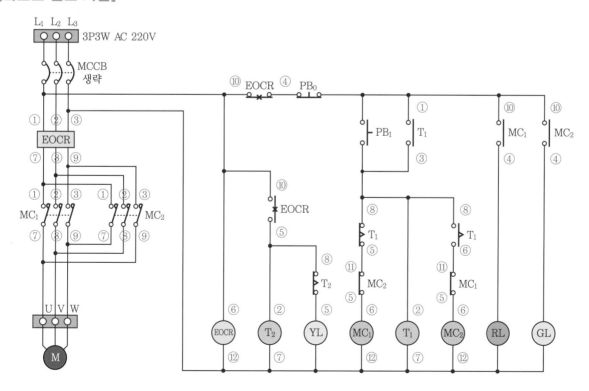

1-1 배치도에 따른 기구 배치 및 고정

도면을 참고하여 기구를 배치하고 계전기 베이스의 홈은 아래 방향으로 향하게 고정한다.

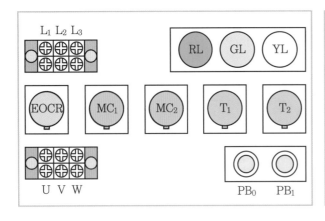

기구	색상	재료명
PB_0	녹색	푸시버튼 스위치
PB_1	적색	푸시버튼 스위치
PB_2	적색	푸시버튼 스위치
GL	녹색	램프
RL	적색	램프
YL	황색	램프

1-2 주회로 결선

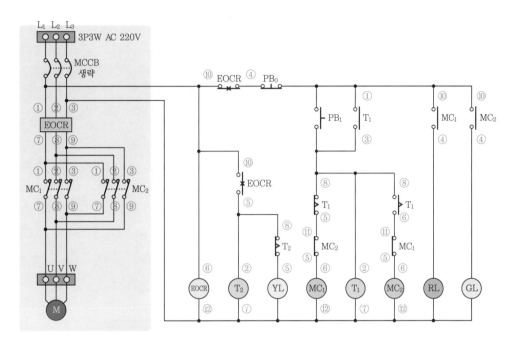

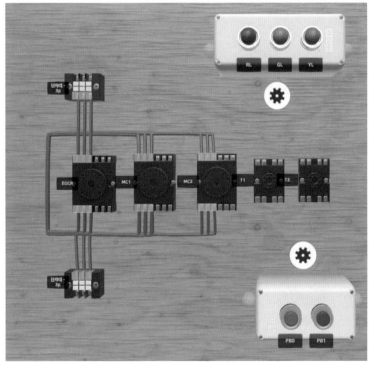

[전원 측 단자대 L_1, L_2, L_3 → EOCR ①, ②, ③], [EOCR ⑦, ⑧, ⑨ → MC_1 ①, ②, ③]

[MC_1 ①, ②, ③ → MC_2 ①, ②, ③], [MC_1 ⑦ → MC_2 ⑨], [MC_1 ⑧ → MC_2 ⑧]

[MC_1 ⑨ → MC_2 ⑦], [MC_1 ⑦, ⑧, ⑨ → 전동기 측 U, V, W]

1-3 보조 회로 결선 1

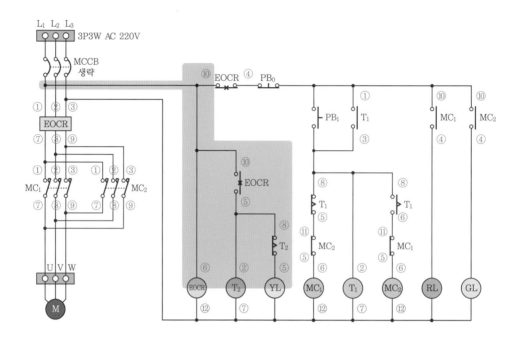

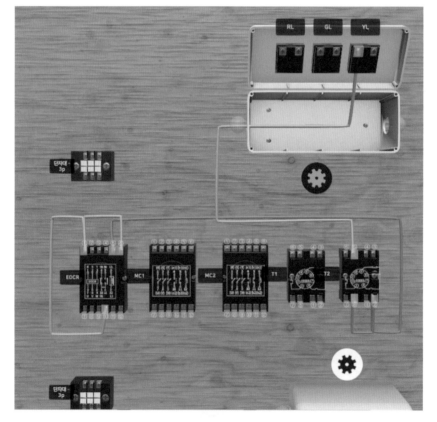

[EOCR ① → EOCR ⑥, ⑩], [EOCR ⑤ → T₂ ②, ⑧], [T₂ ⑤ → YL 처음 단자]

1-4 보조 회로 결선 2

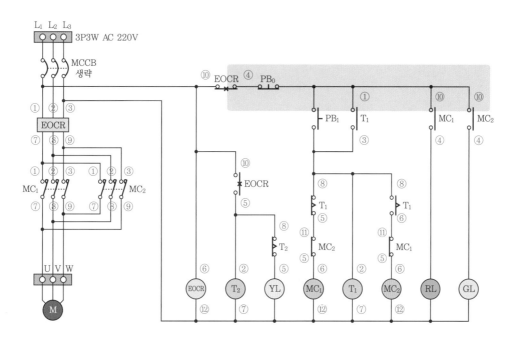

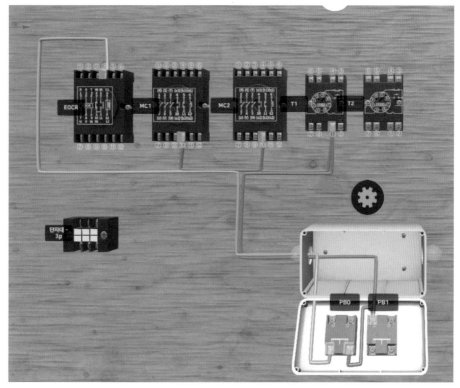

[EOCR ④ → PB₀ b접점(NC) 처음 단자], [PB₀ b접점(NC) 다음 단자 → PB₁ a접점(NO) 처음 단자], [PB₁ a접점(NO) 처음 단자(버튼 공통) → T₁ ①, MC₁ ⑩, MC₂ ⑩]

1-5 보조 회로 결선 3

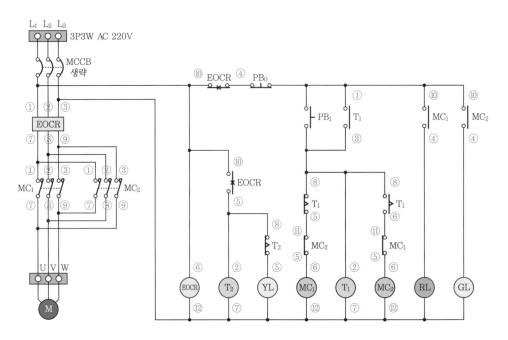

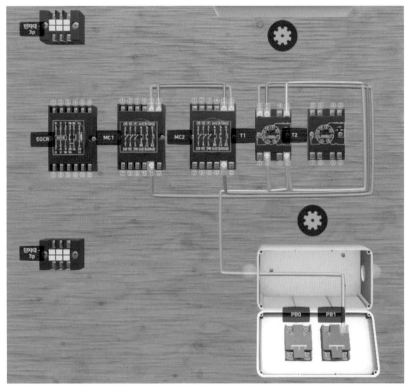

[PB$_1$ a접점(NO) 다음 단자 → T$_1$ ②, ③, ⑧], [T$_1$ ⑤ → MC$_2$ ⑪], [MC$_2$ ⑤ → MC$_1$ ⑥],
[T$_1$ ⑥ → MC$_1$ ⑪], [MC$_1$ ⑤ → MC$_2$ ⑥]

1-6 보조 회로 결선 4

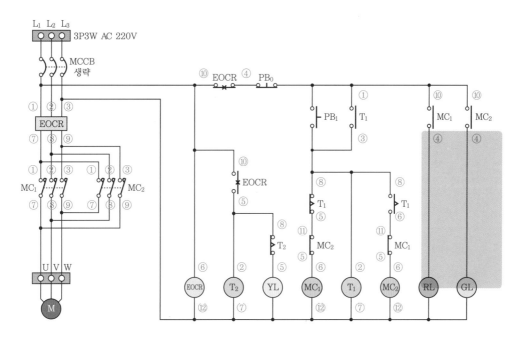

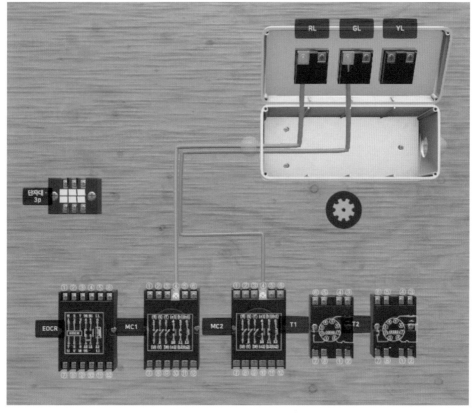

[MC₁ ④ → RL램프 처음 단자], [MC₂ ④ → GL램프 처음 단자]

1-7 보조 회로 결선 5

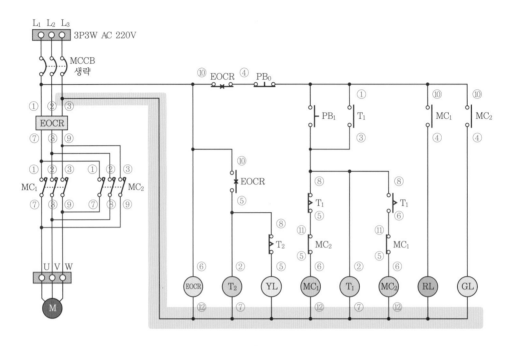

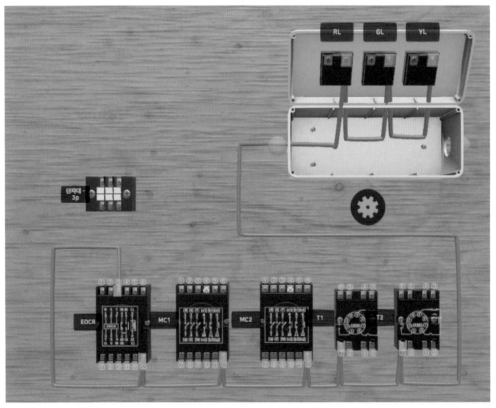

[EOCR ③ → EOCR ⑫, T₁ ⑦, T₂ ⑦, MC₁ ⑫, MC₂ ⑫, RL, GL, YL 다음 단자]

1-8 제어판 완성

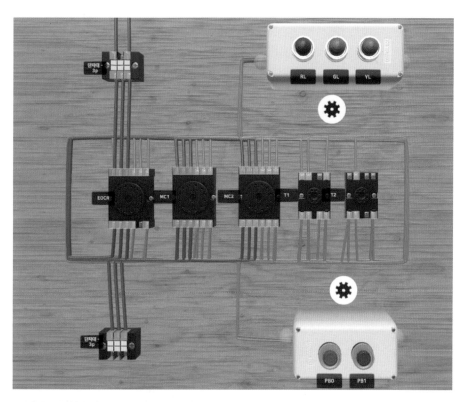

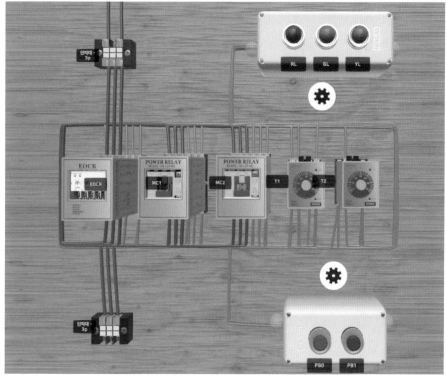

[공개도면 ① 회로 구성 시 수험자가 가장 많이 실수하는 부분 해설]

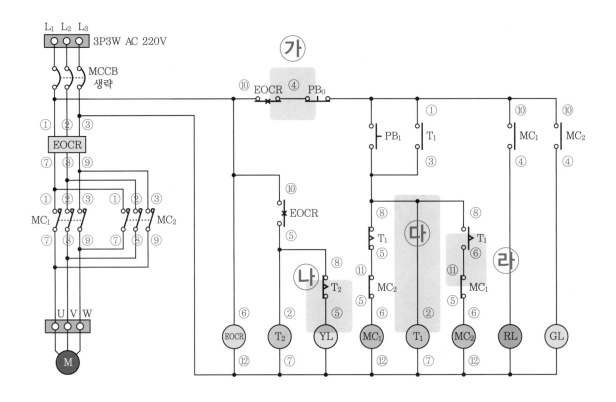

㉮ EOCR ④번에서 PB$_0$의 처음 단자로 연결되는 전선

㉯ EOCR ⑤번에서 YL의 처음 단자로 연결되는 전선

㉰ T$_1$의 전원 ②번 단자는 특히 연결이 자주 누락되기 쉽다. T$_1$의 ②번 단자는 T$_1$ ⑧번 단자와 타이머1 ③번 단자, 그리고 PB$_1$ a접점(NO)의 다음 단자로 연결되어야 한다.

㉱ T$_2$ ⑥번 단자와 MC$_1$의 ⑪번 단자로 연결되는 전선

■ 표시된 부분은 수검자가 가장 많이 실수하는 전선 누락이 발생하는 곳이다.

공개문제 ②

(1) 기구 배치도

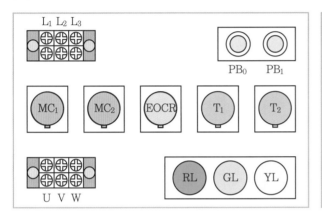

(2) 범례

기구	색상	재료명
PB$_0$	녹색	푸시버튼 스위치
PB$_1$	적색	푸시버튼 스위치
PB$_2$	적색	푸시버튼 스위치
GL	녹색	램프
RL	적색	램프
YL	황색	램프

(3) 기구의 내부 결선도 및 구성도

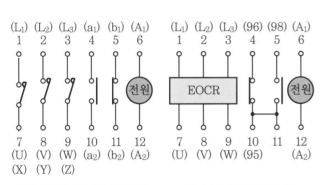

[전자접촉기 내부 결선도]　　　[EOCR 내부 결선도]

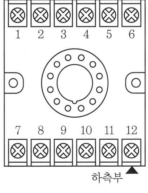

[12P 소켓(베이스) 구성도]

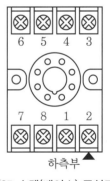

[8P 소켓(베이스) 구성도]

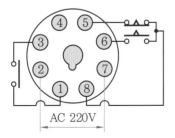

[타이머 내부 결선도]

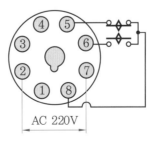

[FR 내부 결선도]

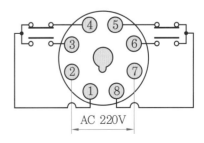

[릴레이 내부 결선도]

[회로도]

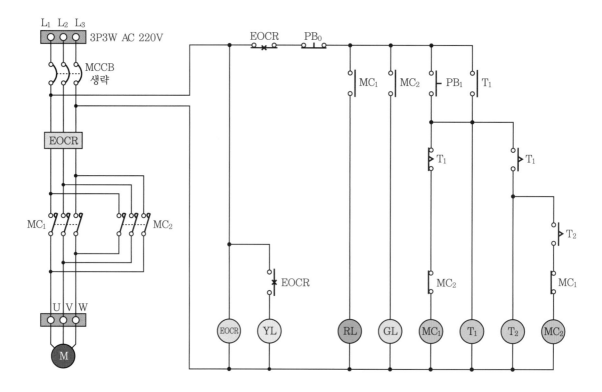

[회로도 번호 기입]

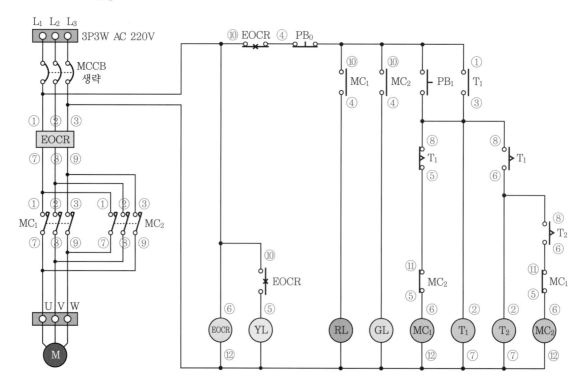

2-1 배치도에 따른 기구 배치 및 고정

도면을 참고하여 기구를 배치하고 계전기 베이스의 홈은 아래 방향으로 향하게 고정한다.

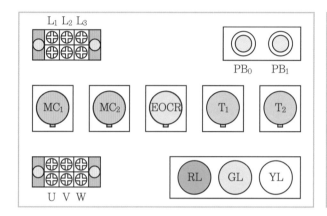

기구	색상	재료명
PB$_0$	녹색	푸시버튼 스위치
PB$_1$	적색	푸시버튼 스위치
PB$_2$	적색	푸시버튼 스위치
GL	녹색	램프
RL	적색	램프
YL	황색	램프

2-2 주회로 결선

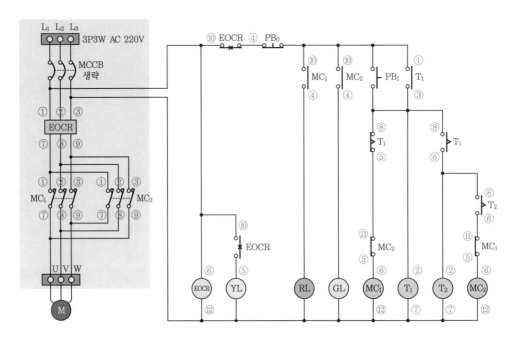

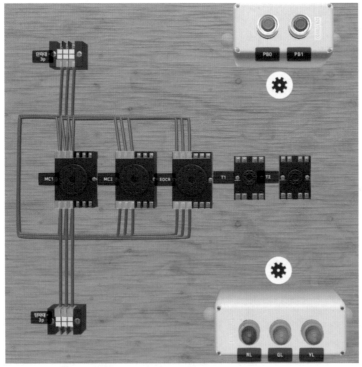

[전원 측 단자대 L_1, L_2, L_3 → EOCR ①, ②, ③], [EOCR ⑦, ⑧, ⑨ → MC₁ ①, ②, ③]
[MC₁ ①, ②, ③ → MC₂ ①, ②, ③], [MC₁ ⑦ → MC₂ ⑨], [MC₁ ⑧ → MC₂ ⑧],
[MC₁ ⑨ → MC₂ ⑦], [MC₁ ⑦, ⑧, ⑨ → 전동기 측 U, V, W]

2-3 보조 회로 결선 1

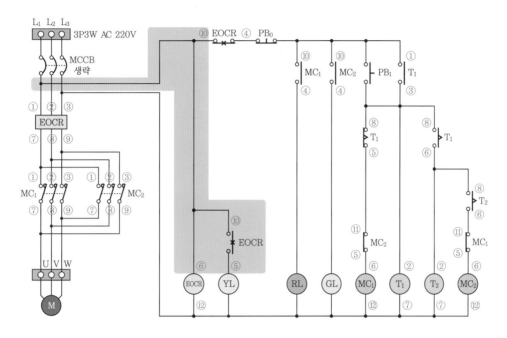

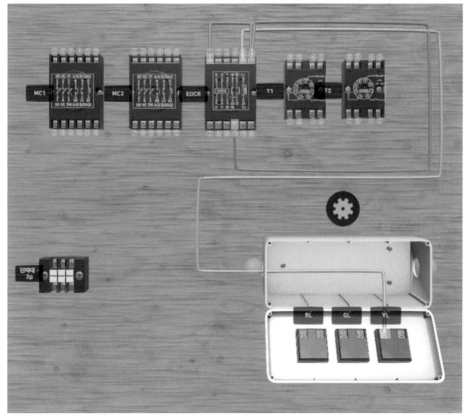

[EOCR ① → EOCR ⑥, ⑩)], [EOCR ⑤ → YL 처음 단자]

2-4 보조 회로 결선 2

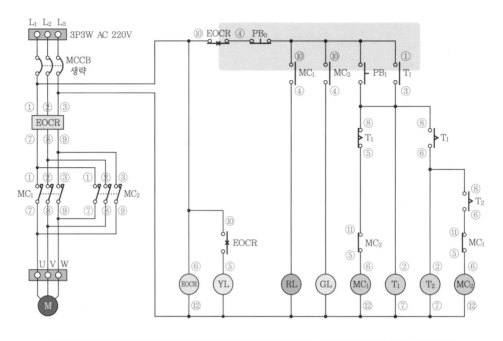

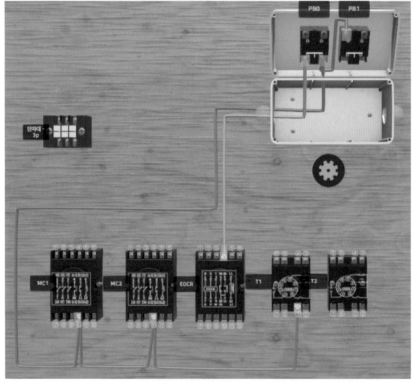

[EOCR ④ → PB₀ b접점(NC) 처음 단자], [PB₀ b접점(NC) 다음 단자 → PB₁ a접점(NO) 처음 단자], [PB₁ a접점(NO) 처음 단자(버튼 공통) → T₁ ①, MC₁ ⑩, MC₂ ⑩]

2-5 보조 회로 결선 3

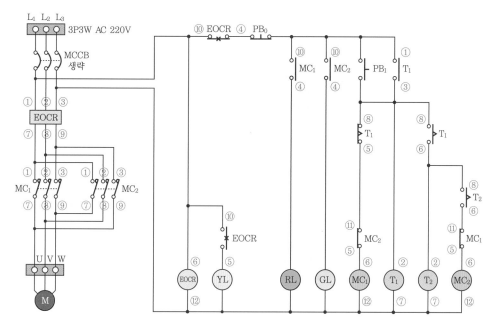

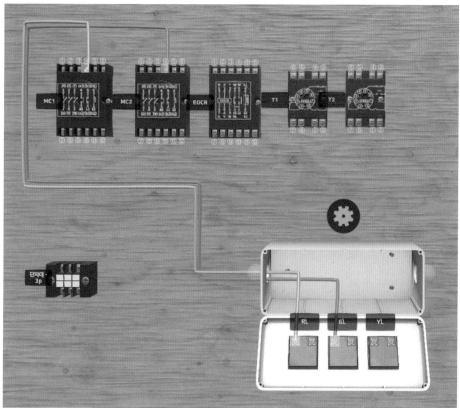

[MC₁ ④ → RL램프 처음 단자], [MC₂ ④ → GL램프 처음 단자]

2-6 보조 회로 결선 5

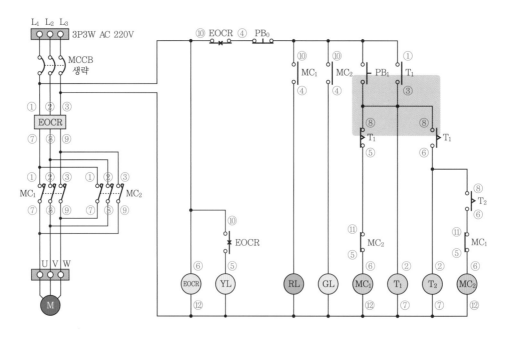

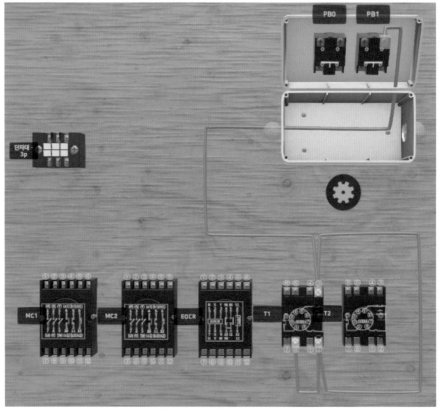

[PB$_1$ a접점(NO) 다음 단자 → T$_1$ ②, ③, ⑧]

2-7 보조 회로 결선 6

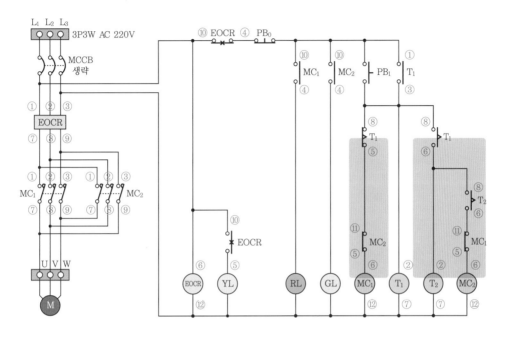

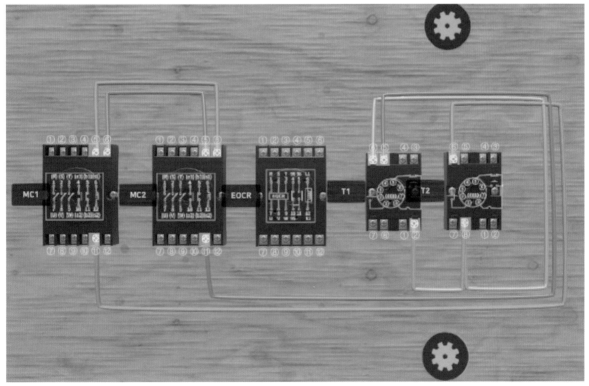

[T$_1$ ⑤ → MC$_2$ ⑪], [MC$_2$ ⑤ → MC$_1$ ⑥], [T$_1$ ⑥ → T$_2$ ②, ⑧], [T$_2$ ⑥ → MC$_1$ ⑪],
[MC$_1$ ⑤ → MC ⑥]

2-8 보조 회로 결선 7

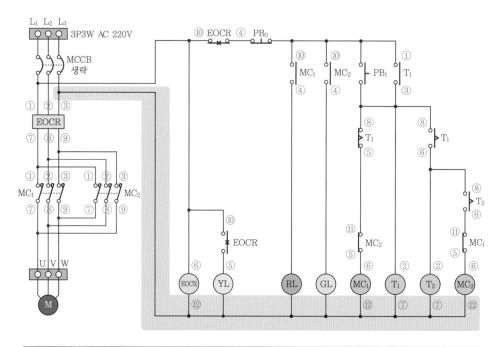

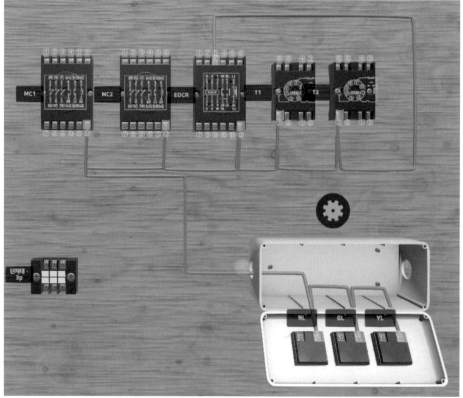

[EOCR ③ → EOCR ⑫, T₁ ⑦, T₂ ⑦, MC₁ ⑫, MC₂ ⑫, RL, GL, YL 다음 단자]

2-9 제어판 완성

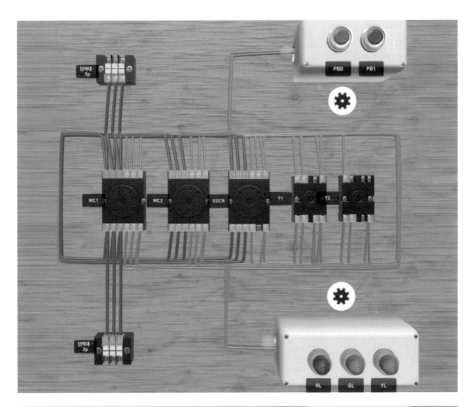

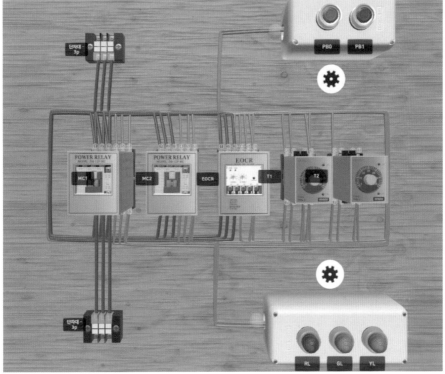

[공개도면 ② 회로 구성 시 수험자가 가장 많이 실수하는 부분 해설]

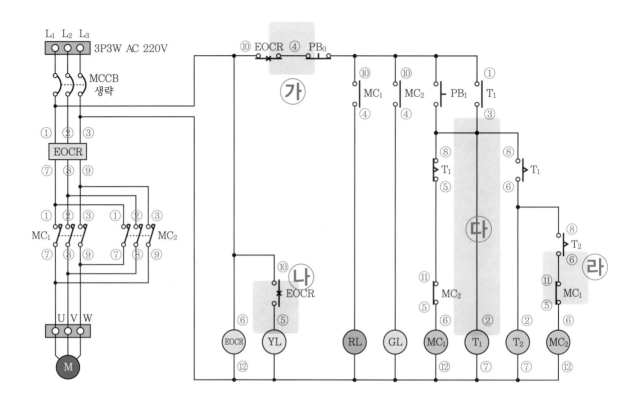

㉮ EOCR ④번에서 PB₀의 처음 단자로 연결되는 전선

㉯ EOCR ⑤번에서 YL의 처음 단자로 연결되는 전선

㉰ T_1의 전원 ②번 단자는 특히 연결이 자주 누락되기 쉽다. T_1의 ②번 단자는 T_1의 ⑧번 단자와 T_1의 ③번 단자, 그리고 PB₁ a접점의 다음 단자로 연결되어야 한다.

㉱ T_2의 ⑥번 단자와 MC_1의 ⑪번 단자로 연결되는 전선

■ 표시된 부분은 수검자가 가장 많이 실수하는 전선 누락이 발생하는 곳이다.

승강기 기능사 공개문제 ③

(1) 기구 배치도

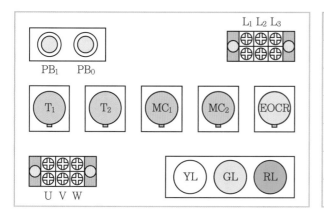

(2) 범례

기구	색상	재료명
PB$_0$	녹색	푸시버튼 스위치
PB$_1$	적색	푸시버튼 스위치
PB$_2$	적색	푸시버튼 스위치
GL	녹색	램프
RL	적색	램프
YL	황색	램프

(3) 기구의 내부 결선도 및 구성도

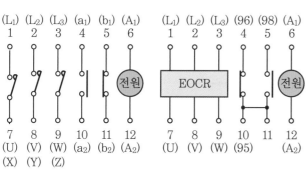

[전자접촉기 내부 결선도]

[EOCR 내부 결선도]

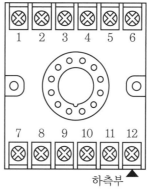

[12P 소켓(베이스) 구성도]

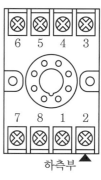

[8P 소켓(베이스) 구성도]

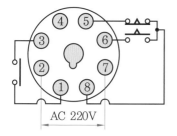

[타이머 내부 결선도]

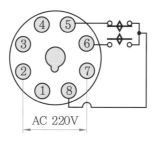

[FR 내부 결선도]

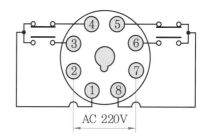

[릴레이 내부 결선도]

[회로도]

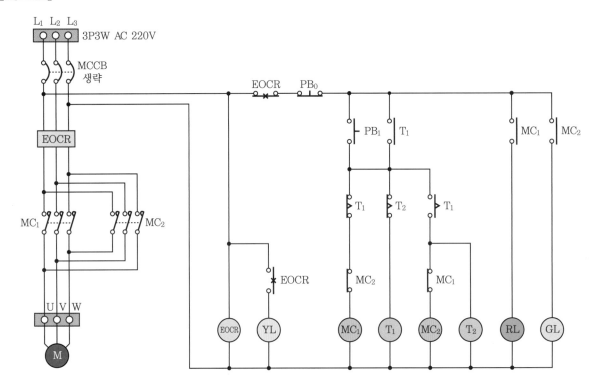

[회로도 번호 기입]

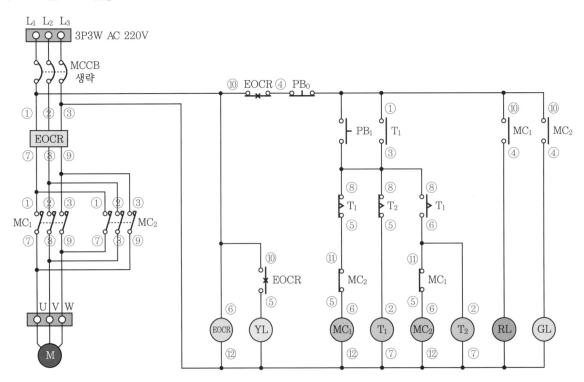

3-1 배치도에 따른 기구 배치 및 고정

도면을 참고하여 기구를 배치하고 계전기 베이스의 홈은 아래 방향으로 향하게 고정한다.

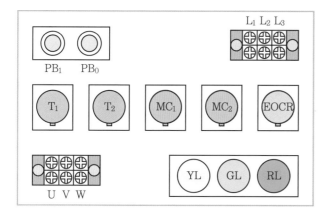

기구	색상	재료명
PB_0	녹색	푸시버튼 스위치
PB_1	적색	푸시버튼 스위치
PB_2	적색	푸시버튼 스위치
GL	녹색	램프
RL	적색	램프
YL	황색	램프

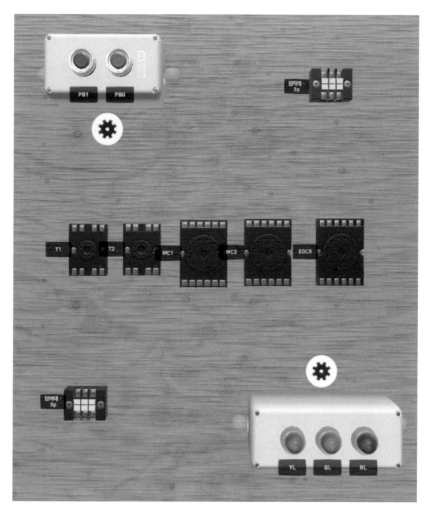

3-2 주회로 결선

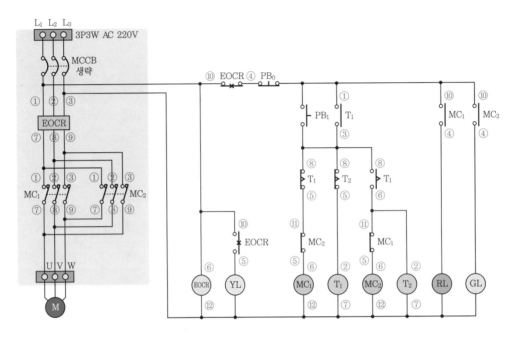

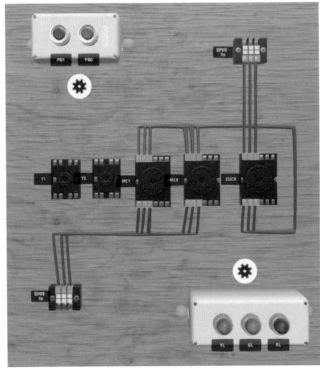

[전원 측 단자대 L₁, L₂, L₃ → EOCR ①, ②, ③], [EOCR ⑦, ⑧, ⑨ → MC₁ ①, ②, ③]
[MC₁ ①, ②, ③ → MC₂ ①, ②, ③], [MC₁ ⑦ → MC₂ ⑨], [MC₁ ⑧ → MC₂ ⑧],
[MC₁ ⑨ → MC₂ ⑦], [MC₁ ⑦, ⑧, ⑨ → 전동기 측 U, V, W]

3-3 보조 회로 결선 1

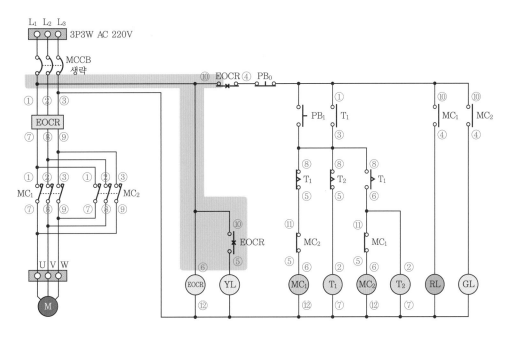

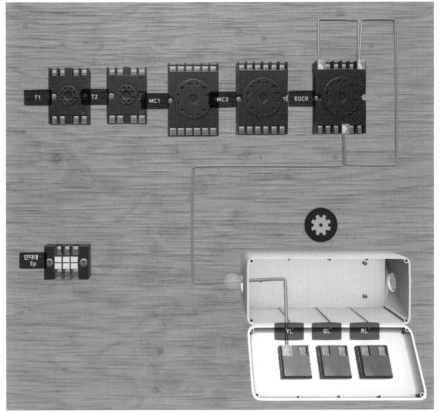

[EOCR ① → EOCR ⑥, ⑩)], [EOCR ⑤ → YL 처음 단자]

3-4 보조 회로 결선 2

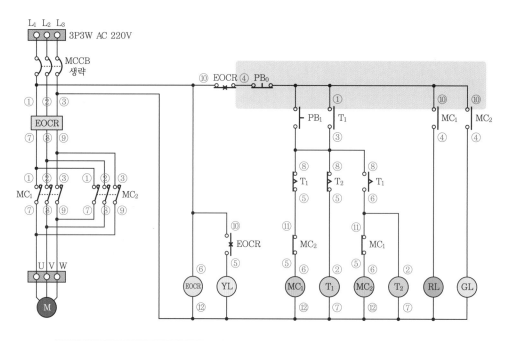

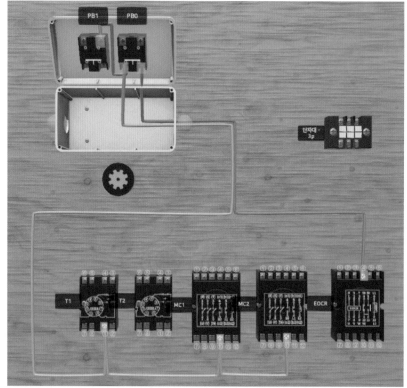

[EOCR ④ → PB₀ b접점(NC) 처음 단자], [PB₀ b접점(NC) 다음 단자 → PB₁ a접점(NO) 처음 단자], [PB₁ a접점(NO) 처음 단자(버튼 공통) → T₁ ①, MC₁ ⑩, MC₂ ⑩]

3-5 보조 회로 결선 3

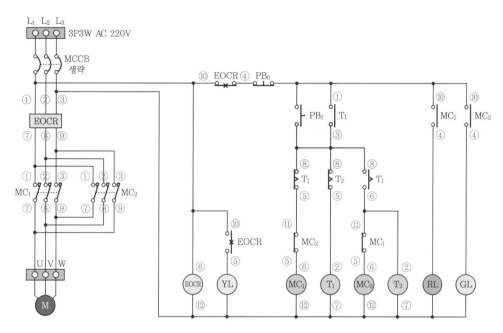

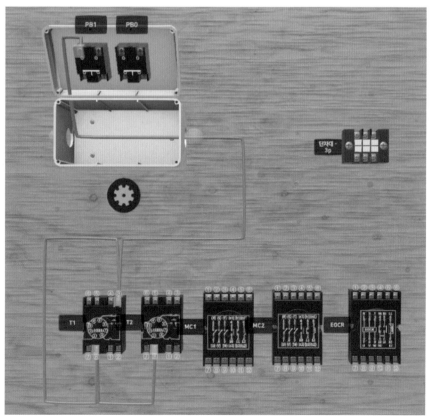

[PB₁ a접점(NO) 다음 단자 → T₁ ③, ⑧, T₂ ⑧]

3-6 보조 회로 결선 4

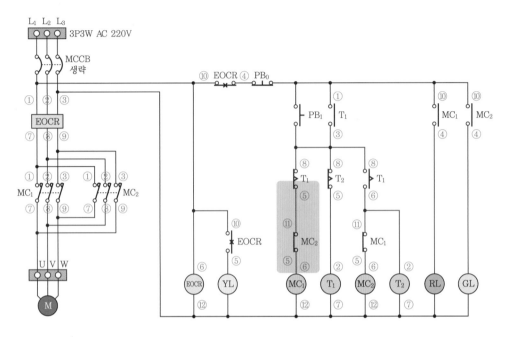

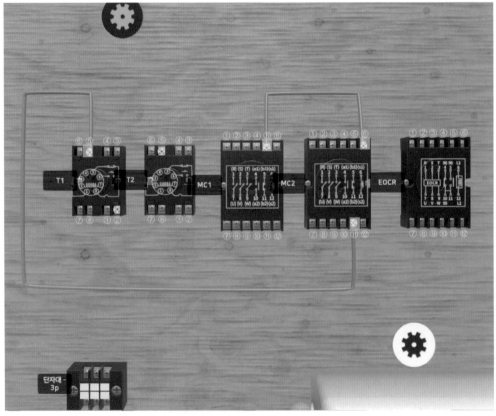

$[T_1 \ ⑤ → MC_2 \ ⑪], \ [MC_2 \ ⑤ → MC_1 \ ⑥]$

3-7 보조 회로 결선 5

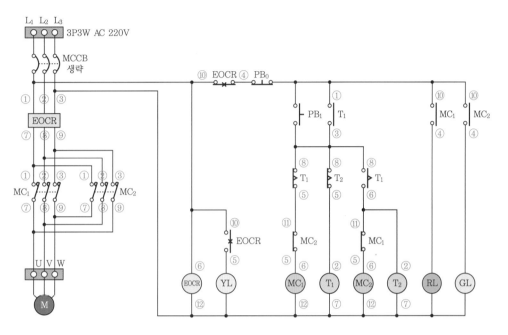

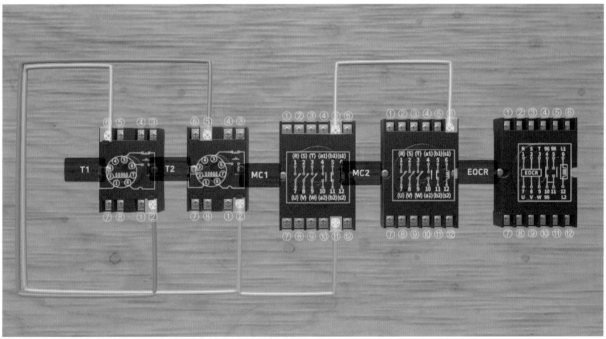

[T_2 ⑤ → T_1 ②], [T_1 ⑥ → MC_1 ⑪, T_2 ②], [MC_1 ⑤ → MC ⑥]

3-8 보조 회로 결선 6

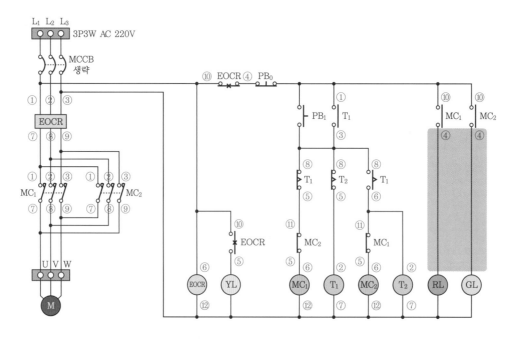

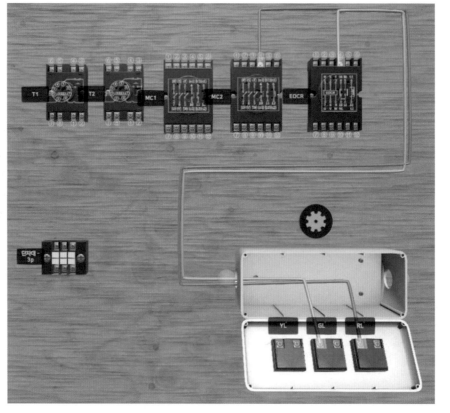

[MC₁ ④ → RL램프 처음 단자], [MC₂ ④ → GL램프 처음 단자]

3-9 보조 회로 결선 7

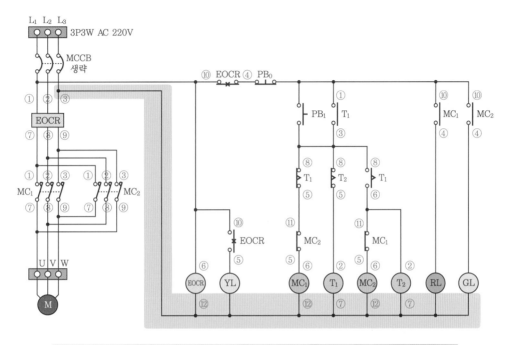

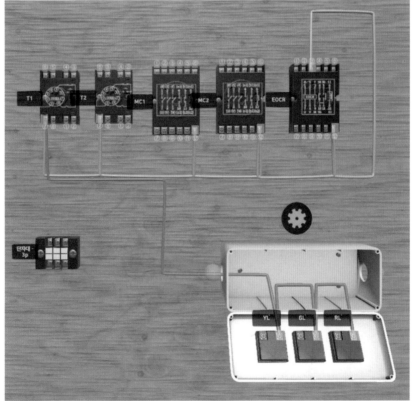

[EOCR ③ → EOCR ⑫, T₁ ⑦, T₂ ⑦, MC₁ ⑫, MC₂ ⑫, RL, GL, YL 다음 단자]

3-10 제어판 완성

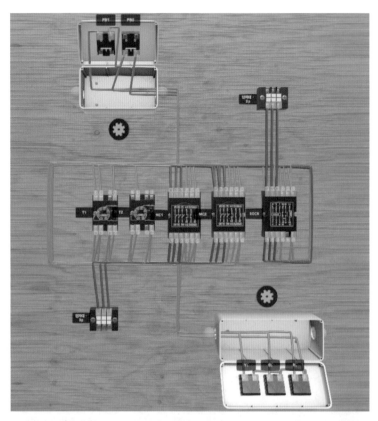

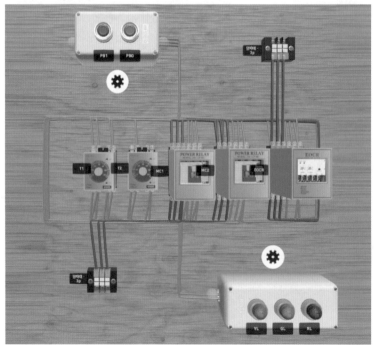

[공개도면 ③ 회로 구성 시 수험자가 가장 많이 실수하는 부분 해설]

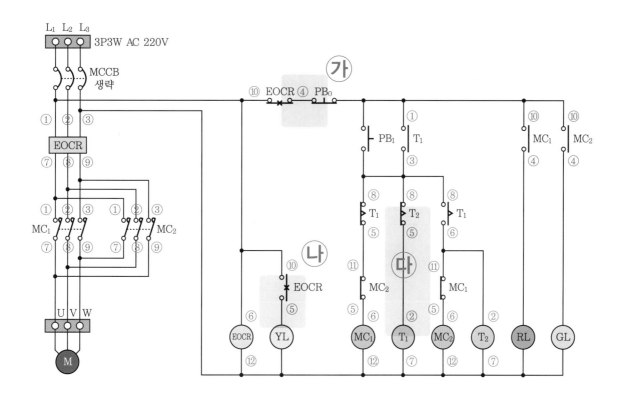

㉮ EOCR ④번에서 PB0의 처음 단자로 연결되는 전선

㉯ EOCR ⑤번에서 YL의 처음 단자로 연결되는 전선

㉰ T_2의 ⑤번에서 T_1의 전원 ②번 단자는 특히 연결이 자주 누락되기 쉽다.

■ 표시된 부분은 수검자가 가장 많이 실수하는 전선 누락이 발생하는 곳이다.

공개문제 ④

(1) 기구 배치도

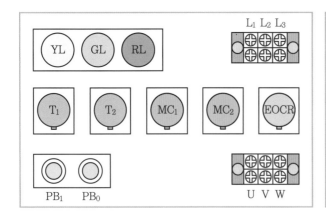

(2) 범례

기구	색상	재료명
PB$_0$	녹색	푸시버튼 스위치
PB$_1$	적색	푸시버튼 스위치
PB$_2$	적색	푸시버튼 스위치
GL	녹색	램프
RL	적색	램프
YL	황색	램프

(3) 기구의 내부 결선도 및 구성도

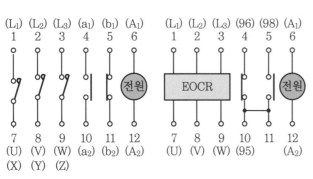

[전자접촉기 내부 결선도]   [EOCR 내부 결선도]

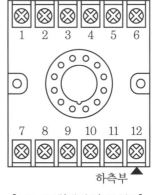

[12P 소켓(베이스) 구성도]

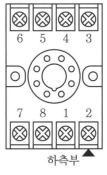

[8P 소켓(베이스) 구성도]

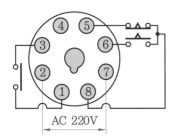

[타이머 내부 결선도]

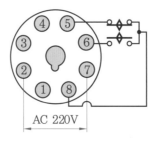

[FR 내부 결선도]

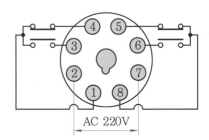

[릴레이 내부 결선도]

[회로도]

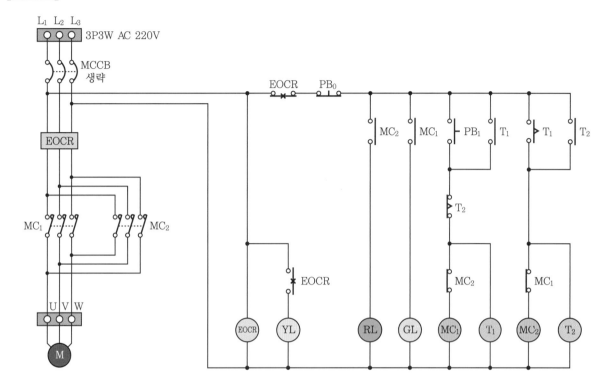

[회로도 번호 기입]

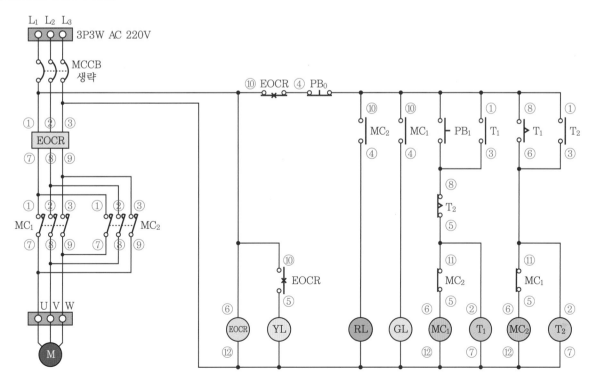

4-1 배치도에 따른 기구 배치 및 고정

도면을 참고하여 기구를 배치하고 계전기 베이스의 홈은 아래 방향으로 향하게 고정한다.

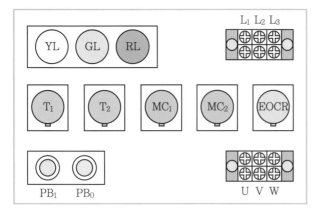

기구	색상	재료명
PB_0	녹색	푸시버튼 스위치
PB_1	적색	푸시버튼 스위치
PB_2	적색	푸시버튼 스위치
GL	녹색	램프
RL	적색	램프
YL	황색	램프

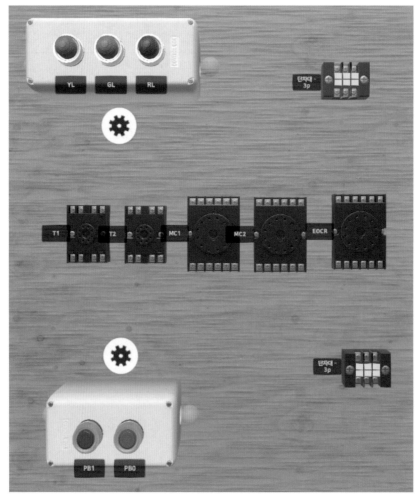

4-2 주회로 결선

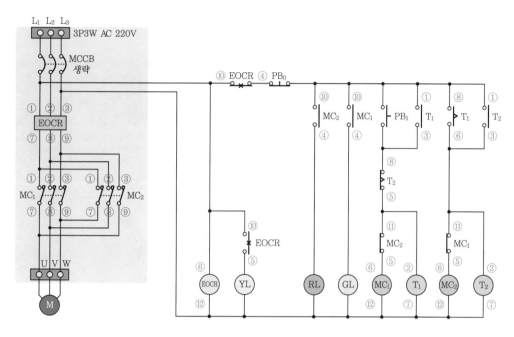

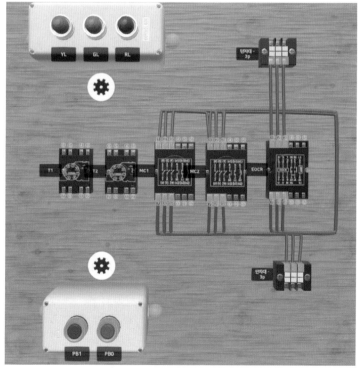

[전원 측 단자대 L₁, L₂, L₃ → EOCR ①, ②, ③], [EOCR ⑦, ⑧, ⑨ → MC₁ ①, ②, ③]
[MC₁ ①, ②, ③ → MC₂ ①, ②, ③], [MC₁ ⑦ → MC₂ ⑨], [MC₁ ⑧ → MC₂ ⑧],
[MC₁ ⑨ → MC₂ ⑦], [MC₁ ⑦, ⑧, ⑨ → 전동기 측 U, V, W]

4-3 보조 회로 결선 1

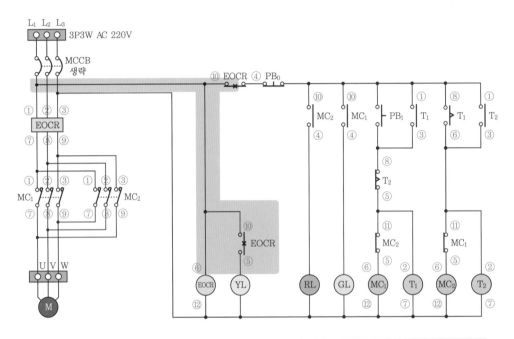

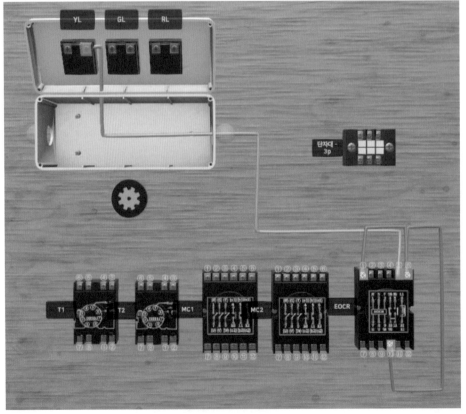

[EOCR ① → EOCR ⑥, ⑩], [EOCR ⑤ → YL 처음 단자]

4-4 보조 회로 결선 2

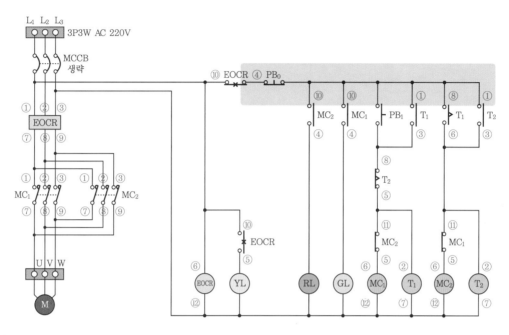

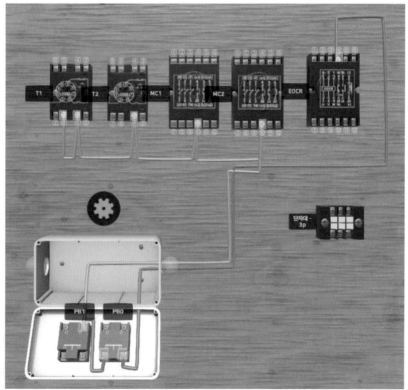

[EOCR ④ → PB₀ b접점(NC) 처음 단자], [PB₀ b접점(NC) 다음 단자 → PB₁ a접점(NO) 처음 단자], [PB₁ a접점(NO) 처음 단자(버튼 공통) → T₁ ①, ⑧, T₂ ①, MC₁ ⑩, MC₂ ⑩]

4-5 보조 회로 결선 3

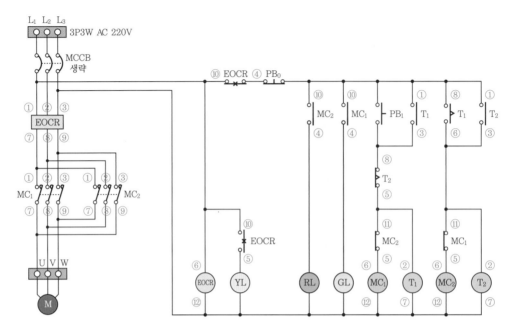

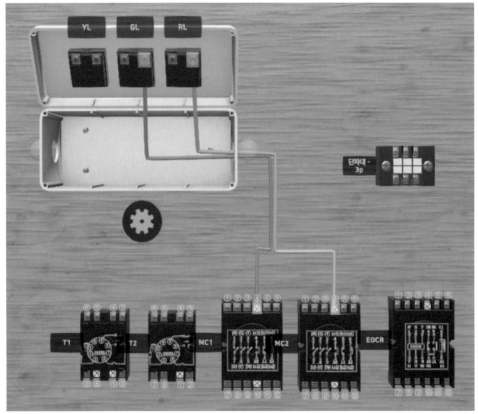

[MC₁ ④ → RL램프 처음 단자], [MC₂ ④ → GL램프 처음 단자]

4-6 보조 회로 결선 4

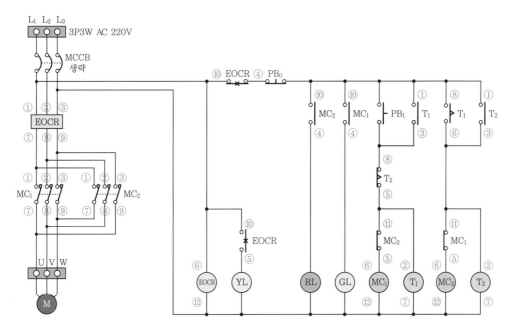

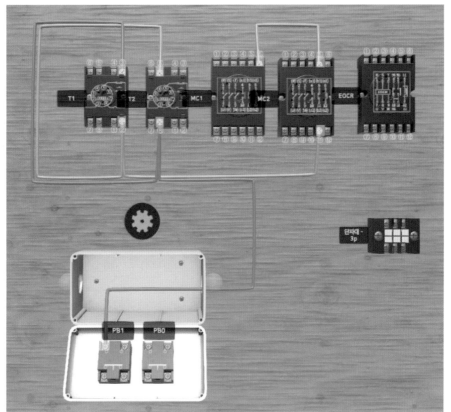

[PB₁ a접점(NO) 다음 단자 → T₁ ③, T₂ ⑧], [T₂ ⑤ → T₁ ②, MC₂ ⑪], [MC₂ ⑤ → MC₁ ⑥]

4-7 보조 회로 결선 5

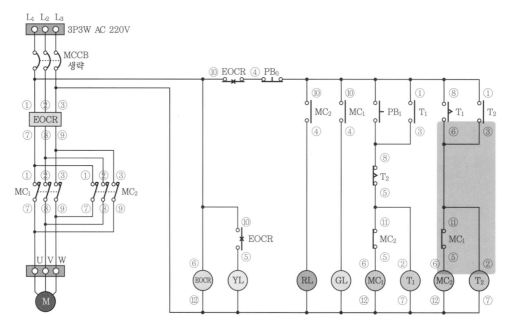

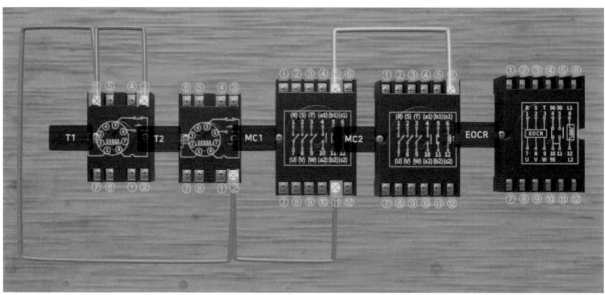

$[T_1 \, ⑥ \rightarrow T_2 \, ②, \, ③, \, MC_1 \, ⑪], \, [MC_1 \, ⑤ \rightarrow MC_1 \, ⑥]$

4-8 보조 회로 결선 6

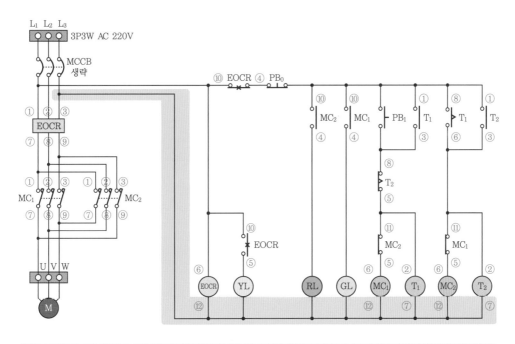

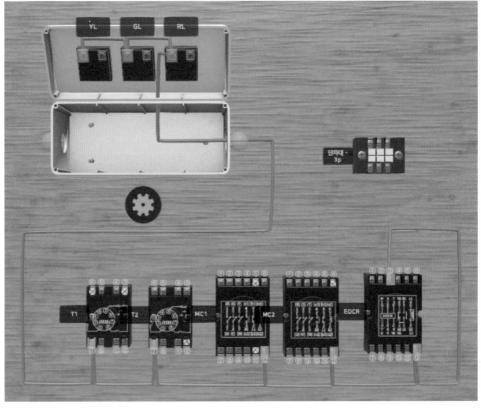

[EOCR ③ ↔ EOCR ⑫ ↔ T₁ ⑦ ↔ T₂ ⑦ ↔ MC₁ ⑫ ↔ MC₂ ⑫ ↔ RL, GL, YL 다음 단자]

4-9 제어판 완성

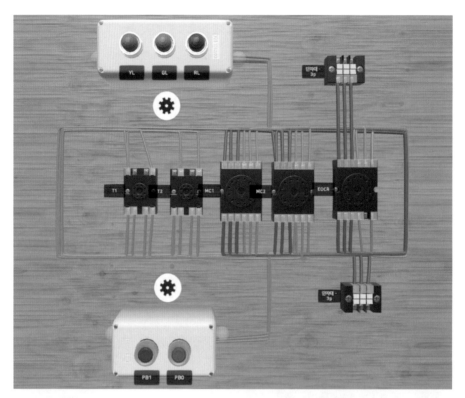

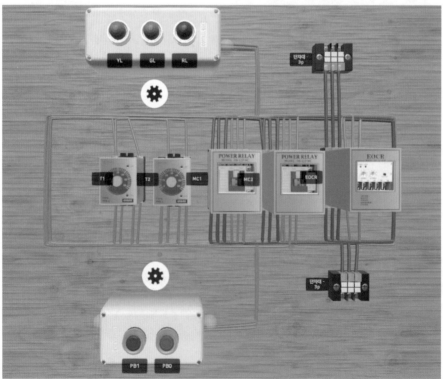

[공개도면 ④ 회로 구성 시 수험자가 가장 많이 실수하는 부분 해설]

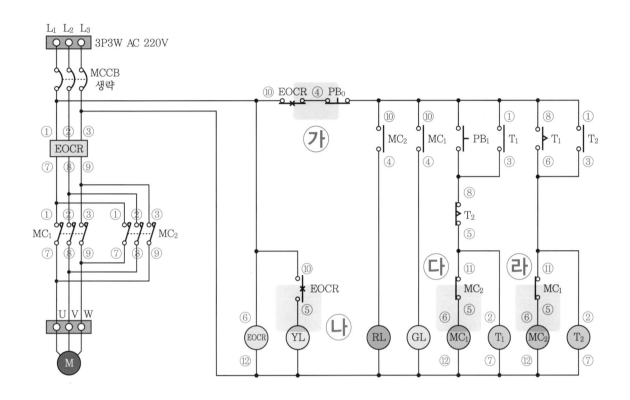

㉮ EOCR ④번에서 PB₀의 처음 단자로 연결되는 전선

㉯ EOCR ⑤번에서 YL이 처음 단자로 연결되는 전선

㉰ MC₂ ⑤번에서 MC₁ 전원 ⑥번으로 연결되는 전선

㉱ MC₁ ⑤번에서 MC₂ 전원 ⑥번으로 연결되는 전선

■ 표시된 부분은 수검자가 가장 많이 실수하는 전선 누락이 발생하는 곳이다.

공개문제 ⑤

(1) 기구 배치도

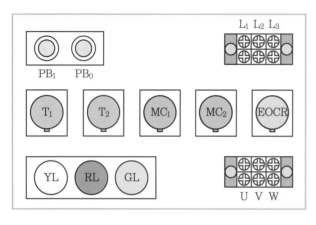

(2) 범례

기구	색상	재료명
PB$_0$	녹색	푸시버튼 스위치
PB$_1$	적색	푸시버튼 스위치
PB$_2$	적색	푸시버튼 스위치
GL	녹색	램프
RL	적색	램프
YL	황색	램프

(3) 기구의 내부 결선도 및 구성도

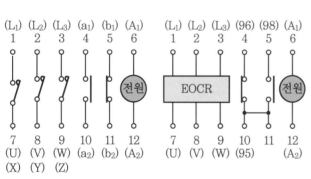

[전자접촉기 내부 결선도]　[EOCR 내부 결선도]

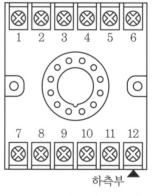

[12P 소켓(베이스) 구성도]

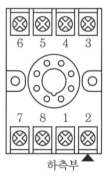

[8P 소켓(베이스) 구성도]

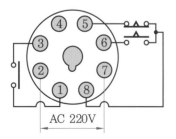

[타이머 내부 결선도]

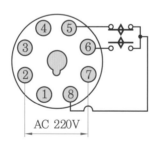

[FR 내부 결선도]

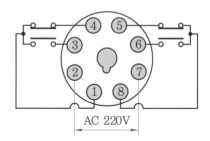

[릴레이 내부 결선도]

[회로도]

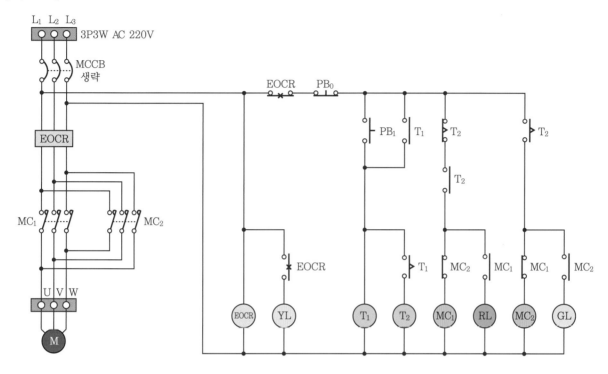

[회로도 번호 기입]

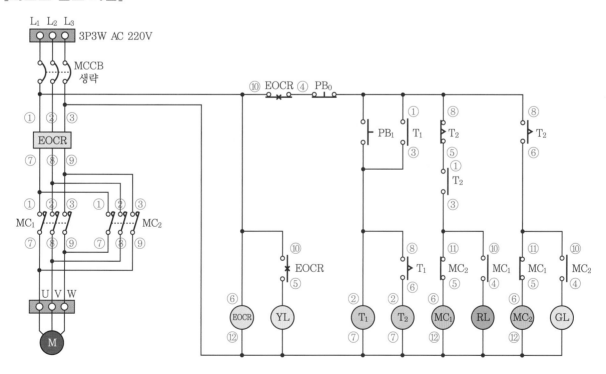

5-1 배치도에 따른 기구 배치 및 고정

도면을 참고하여 기구를 배치하고 계전기 베이스의 홈은 아래 방향으로 향하게 고정한다.

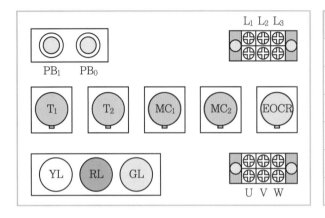

기구	색상	재료명
PB_0	녹색	푸시버튼 스위치
PB_1	적색	푸시버튼 스위치
PB_2	적색	푸시버튼 스위치
GL	녹색	램프
RL	적색	램프
YL	황색	램프

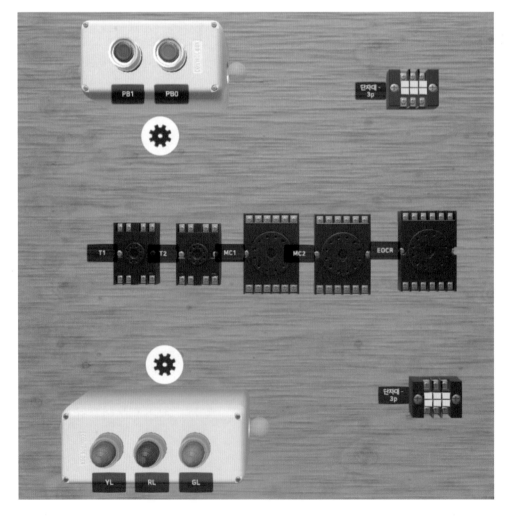

5-2 주회로 결선

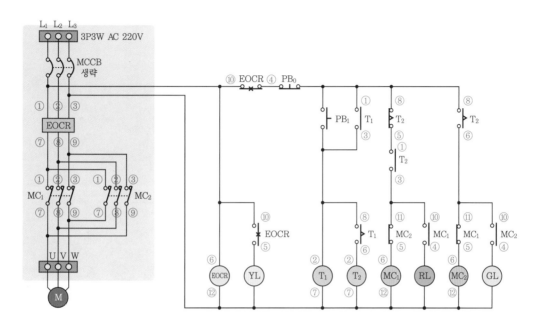

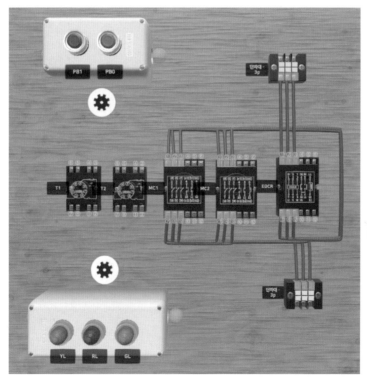

[전원 측 단자대 L_1, L_2, L_3 → EOCR ①, ②, ③], [EOCR ⑦, ⑧, ⑨ → MC₁ ①, ②, ③]
[MC₁ ①, ②, ③ → MC₂ ①, ②, ③], [MC₁ ⑦ → MC₂ ⑨], [MC₁ ⑧ → MC₂ ⑧],
[MC₁ ⑨ → MC₂ ⑦], [MC₁ ⑦, ⑧, ⑨ → 전동기 측 U, V, W]

5-3 보조 회로 결선 1

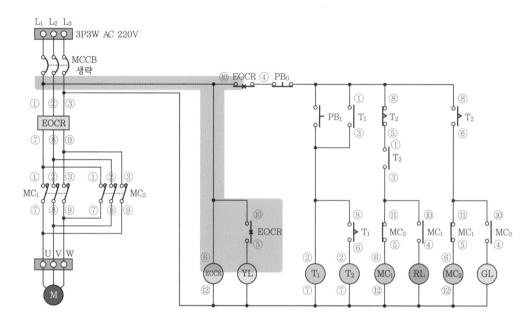

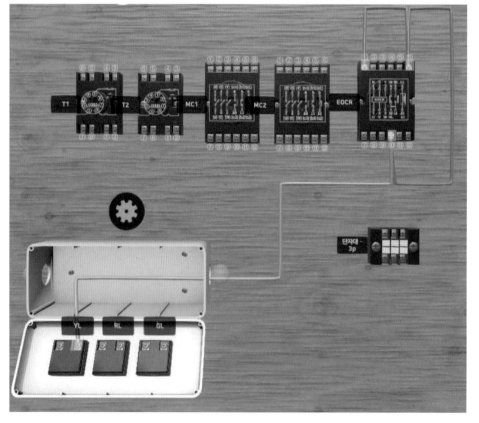

[EOCR ① → EOCR ⑥, ⑩)], [EOCR ⑤ → YL 처음 단자]

5-4 보조 회로 결선 2

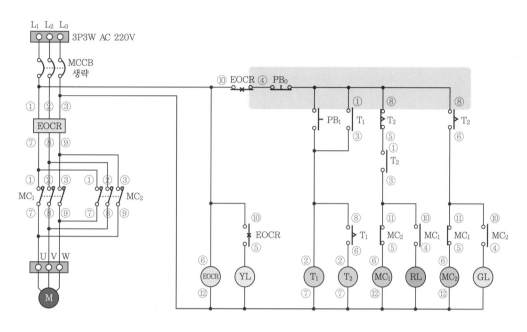

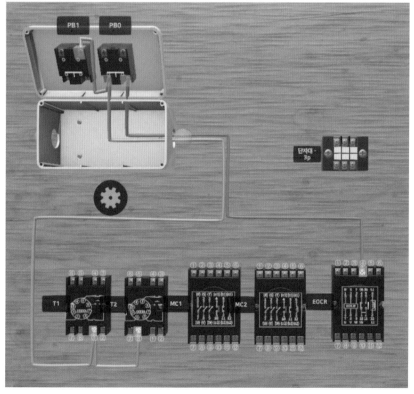

[EOCR ④ → PB₀ b접점(NC) 처음 단자], [PB₀ b접점(NC) 다음 단자 → PB₁ a접점(NO) 처음 단자], [PB₁ a접점(NO) 처음 단자(버튼 공통) → T₁ ①, T₂ ⑧]

5-5 보조 회로 결선 3

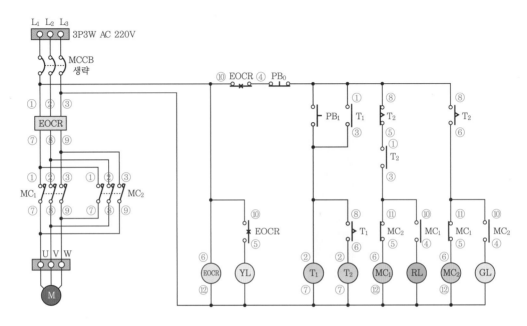

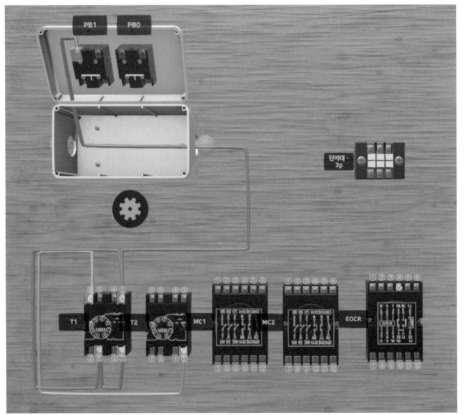

[PB₁ a접점(NO) 다음 단자 → T₁ ③, T₂ ⑧], [T₂ ⑤ → T₁ ②, MC₂ ⑪], [MC₂ ⑤ → MC₁ ⑥]

5-6   보조 회로 결선 4

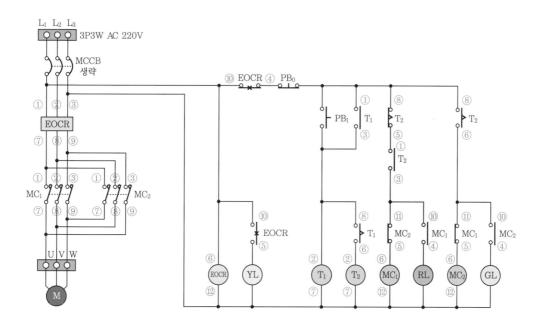

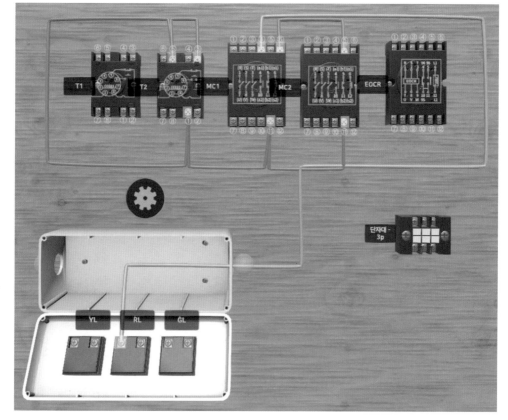

$[T_2 ⑤ → T_2 ①]$, $[T_2 ③, MC_1 ⑩, MC_2 ⑪]$, $[MC_2 ⑤ → MC_1 ⑥]$, $[MC_1 ④ → RL 처음 단자]$

5-7 보조 회로 결선 5

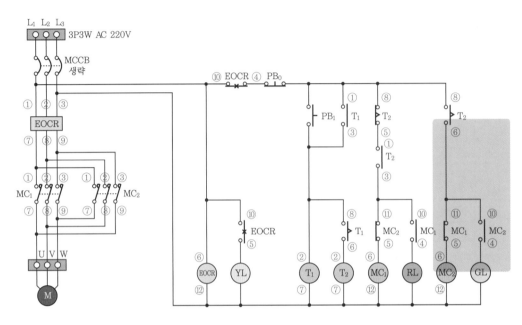

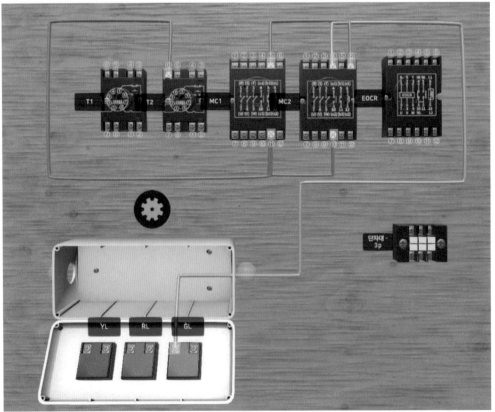

[T_2 ⑥ → MC_1 ⑪, MC_2 ⑩], [MC_1 ⑤ → MC_2 ⑥], [MC_2 ④ → GL 처음 단자]

5-8 보조 회로 결선 6

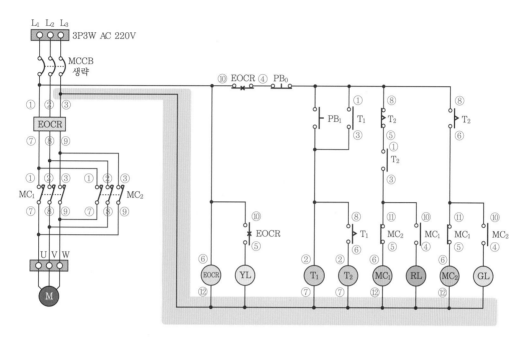

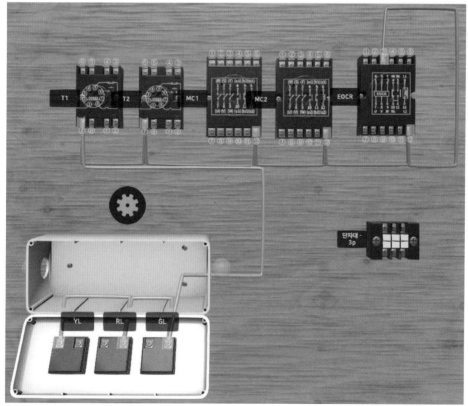

[EOCR ③ ↔ EOCR ⑫ ↔ T₁ ⑦ ↔ T₂ ⑦ ↔ MC₁ ⑫ ↔ MC₂ ⑫ ↔ RL, GL, YL 다음 단자]

5-9 제어판 완성

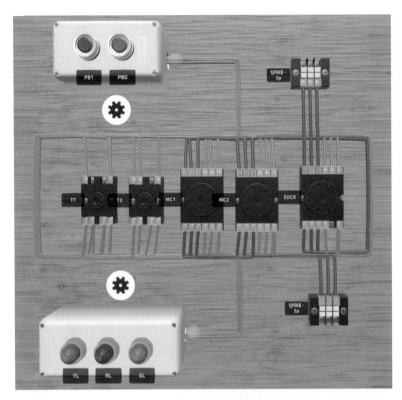

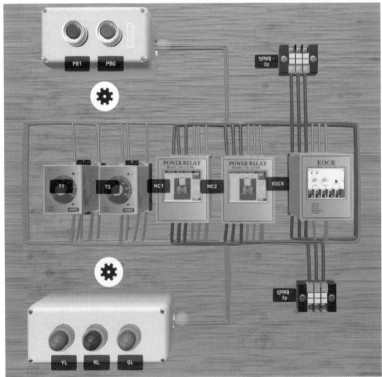

[공개도면 ⑤ 회로 구성 시 수험자가 가장 많이 실수하는 부분 해설]

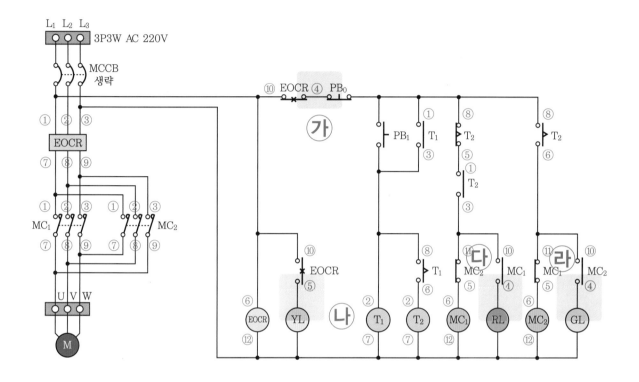

㉮ EOCR ④번에서 PB_0의 처음 단자로 연결되는 전선

㉯ EOCR ⑤번에서 YL의 처음 단자로 연결되는 전선

㉰ MC_1 ④번에서 RL 처음 단자로 연결되는 전선

㉱ MC_2 ④번에서 GL 처음 단자로 연결되는 전선

■ 표시된 부분은 수검자가 가장 많이 실수하는 전선 누락이 발생하는 곳이다.

공개문제 ⑥

(1) 기구 배치도

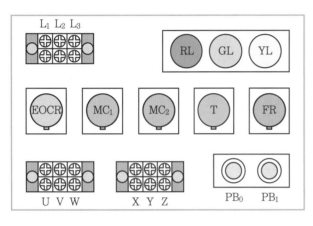

(2) 범례

기구	색상	재료명
PB_0	녹색	푸시버튼 스위치
PB_1	적색	푸시버튼 스위치
PB_2	적색	푸시버튼 스위치
GL	녹색	램프
RL	적색	램프
YL	황색	램프

(3) 기구의 내부 결선도 및 구성도

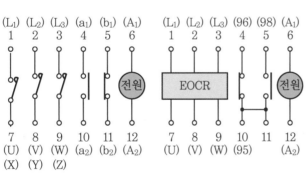

[전자접촉기 내부 결선도]   [EOCR 내부 결선도]

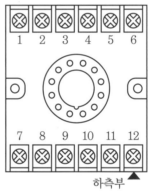

[12P 소켓(베이스) 구성도]

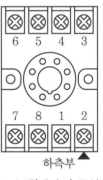

[8P 소켓(베이스) 구성도]

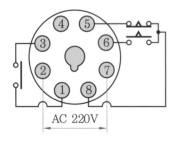

[타이머 내부 결선도]

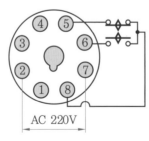

[FR 내부 결선도]

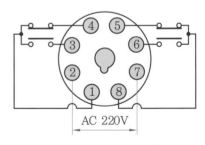

[릴레이 내부 결선도]

[회로도]

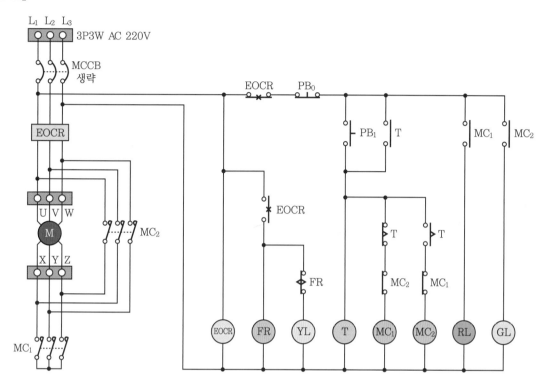

[회로도 번호 기입]

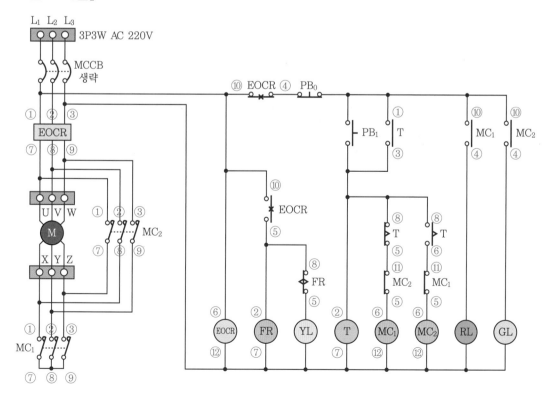

6-1 배치도에 따른 기구 배치 및 고정

도면을 참고하여 기구를 배치하고 계전기 베이스의 홈은 아래 방향으로 향하게 고정한다.

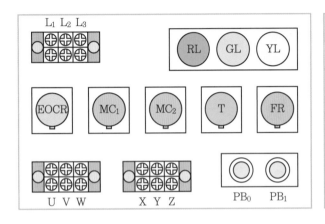

기구	색상	재료명
PB₀	녹색	푸시버튼 스위치
PB₁	적색	푸시버튼 스위치
PB₂	적색	푸시버튼 스위치
GL	녹색	램프
RL	적색	램프
YL	황색	램프

6-2 주회로 결선

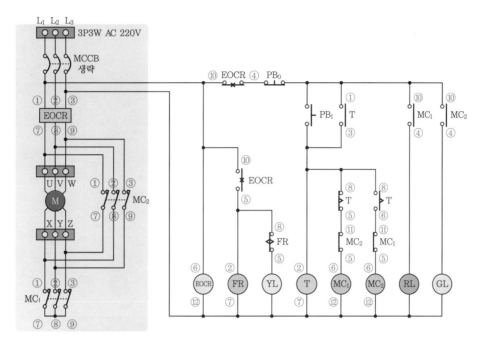

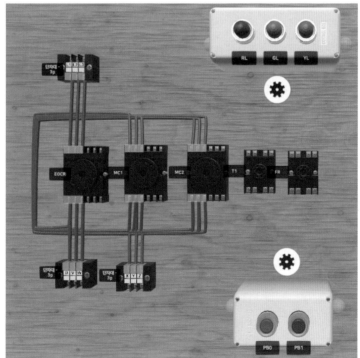

[전원 측 단자대 L_1, L_2, L_3 → EOCR ①, ②, ③], [EOCR ⑦, ⑧, ⑨ → 단자대 U, V, W]
[EOCR ⑦, ⑧, ⑨ → MC_2 ①, ②, ③], [MC_2 ⑦, ⑧, ⑨ → MC_1 ①, ②, ③]
[MC_1 ①, ②, ③ → 단자대 X, Y, Z], [MC_1 ⑦ → ⑧ → ⑨]

6-3 보조 회로 결선 1

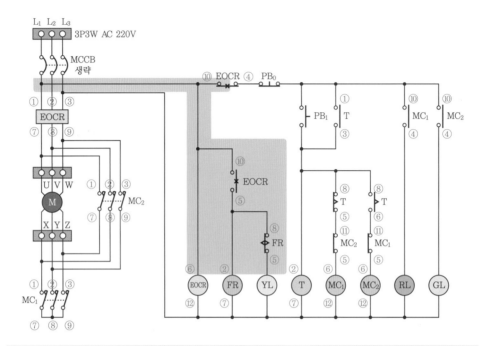

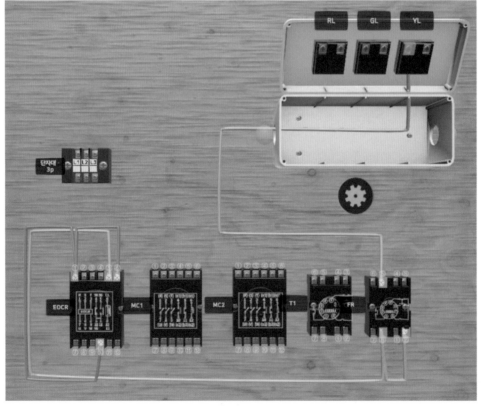

[EOCR ① → EOCR ⑥, ⑩], [EOCR ⑤ → FR ②, ⑧], [FR ⑤ → YL 처음 단자]

6-4 보조 회로 결선 2

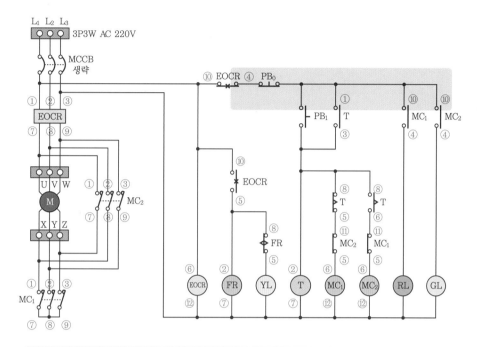

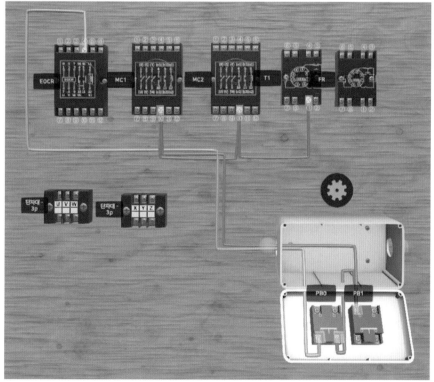

[EOCR ④ → PB₀ b접점(NC) 처음 단자], [PB₀ b접점(NC) 다음 단자 → PB₁ a접점(NO) 처음 단자], [PB₁ a접점(NO) 처음 단자(버튼 공통) → T ①, MC₁ ⑩, MC₂ ⑩]

6-5 보조 회로 결선 3

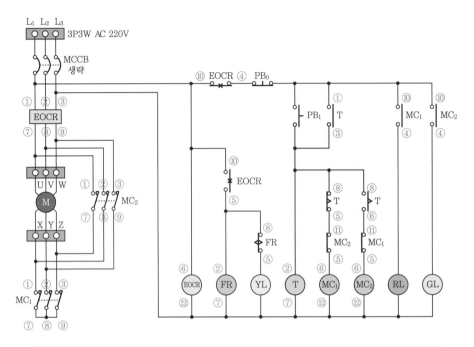

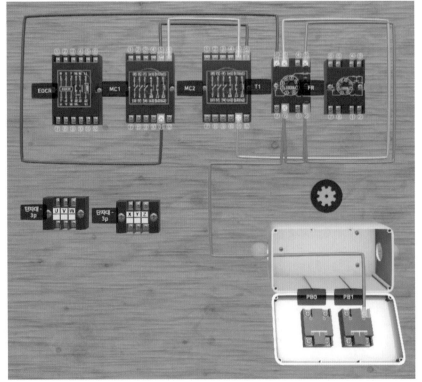

[PB₁ a접점(NO) 다음 단자 → T ②, ③, ⑧], [T ⑤ → MC₂ ⑪], [MC₂ ⑤ → MC₁ ⑥],
[T ⑥ → MC₁ ⑪], [MC₁ ⑤ → MC₂ ⑥]

6-6 보조 회로 결선 4

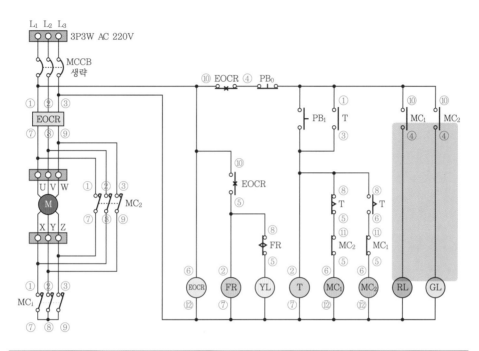

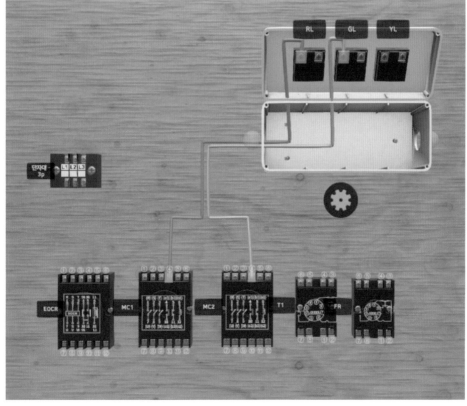

[MC₁ ④ → RL램프 처음 단자], [MC₂ ④ → GL램프 처음 단자]

6-7 보조 회로 결선 5

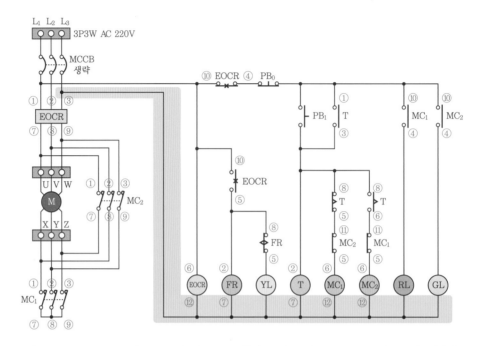

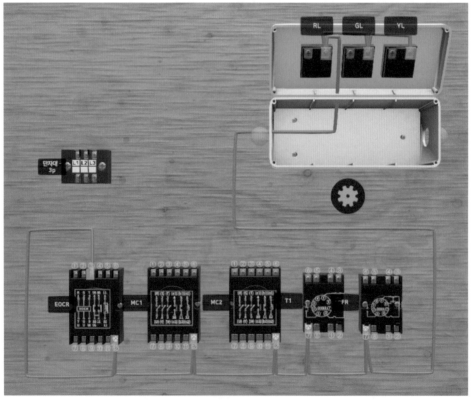

[EOCR ③ → EOCR ⑫, T₁ ⑦, T₂ ⑦, MC₁ ⑫, MC₂ ⑫, RL, GL, YL 다음 단자]

6-8 제어판 완성

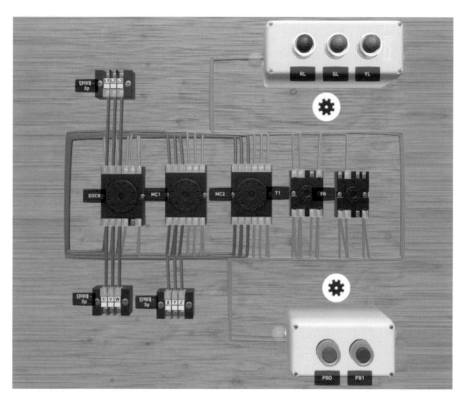

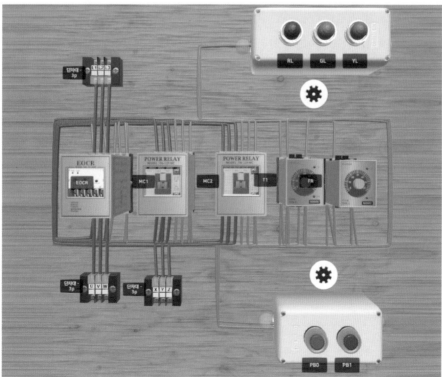

[공개도면 ⑥ 회로 구성 시 수험자가 가장 많이 실수하는 부분 해설]

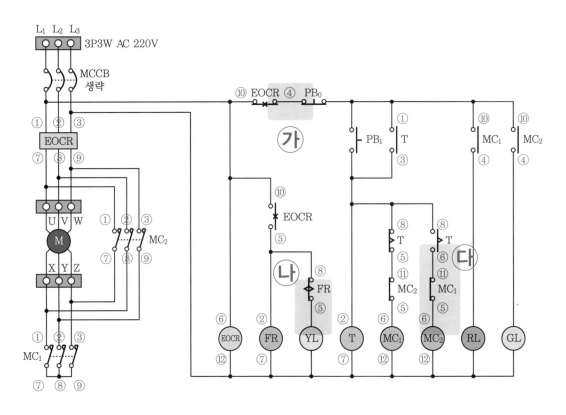

㉮ EOCR ④번에서 PB₀의 처음 단자로 연결되는 전선

㉯ FR ⑤번에서 YL의 처음 단자로 연결되는 전선

㉰ T의 ⑥에서 MC₁ ⑪ 단자, MC₁ ⑤에서 MC₂ ⑥ 단자로 연결되는 전선

■ 표시된 부분은 수검자가 가장 많이 실수하는 전선 누락이 발생하는 곳이다.

승강기 기능사

공개문제 ⑦

(1) 기구 배치도

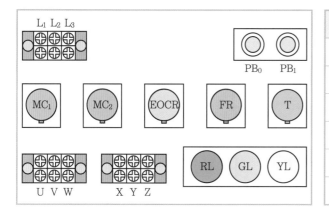

(2) 범례

기구	색상	재료명
PB$_0$	녹색	푸시버튼 스위치
PB$_1$	적색	푸시버튼 스위치
PB$_2$	적색	푸시버튼 스위치
GL	녹색	램프
RL	적색	램프
YL	황색	램프

(3) 기구의 내부 결선도 및 구성도

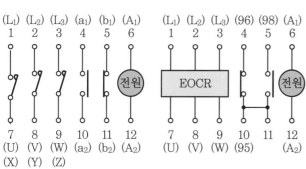

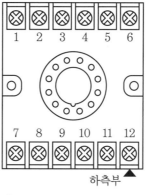

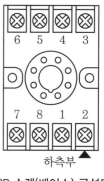

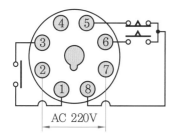

[타이머 내부 결선도]

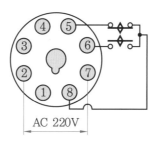

[FR 내부 결선도]

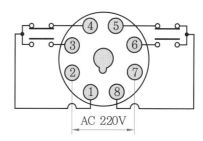

[릴레이 내부 결선도]

[회로도]

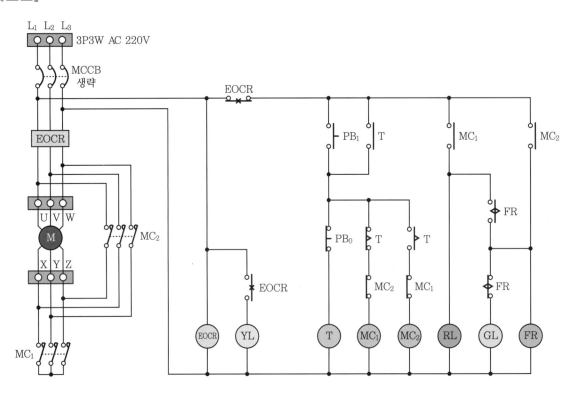

[회로도 번호 기입]

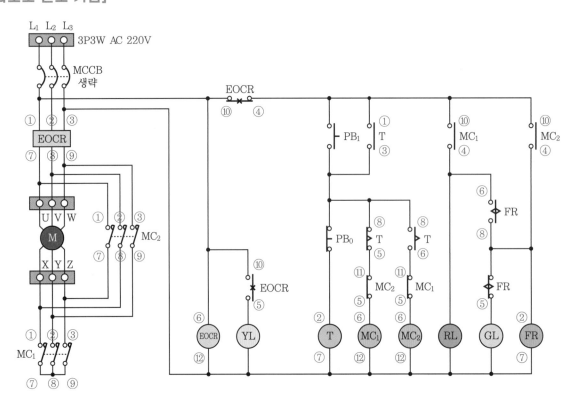

7-1 배치도에 따른 기구 배치 및 고정

도면을 참고하여 기구를 배치하고 계전기 베이스의 홈은 아래 방향으로 향하게 고정한다.

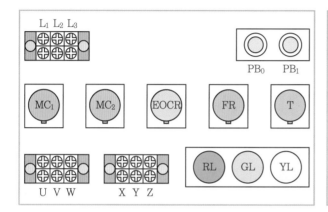

기구	색상	재료명
PB_0	녹색	푸시버튼 스위치
PB_1	적색	푸시버튼 스위치
PB_2	적색	푸시버튼 스위치
GL	녹색	램프
RL	적색	램프
YL	황색	램프

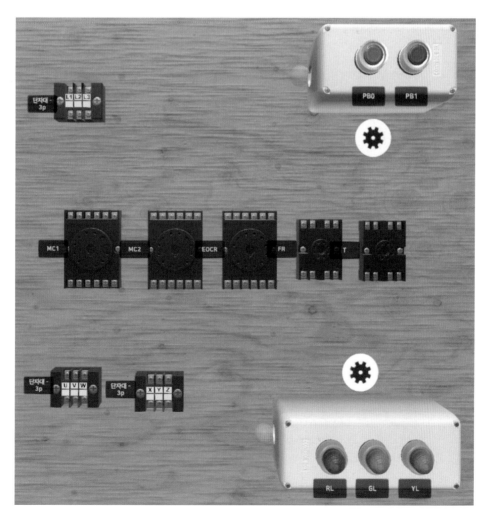

7-2 주회로 결선

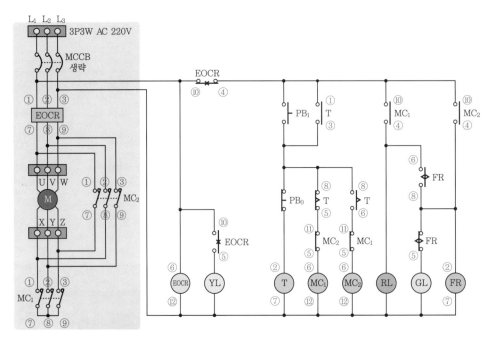

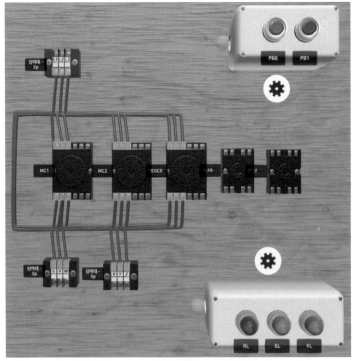

[전원 측 단자대 L_1, L_2, L_3 → EOCR ①, ②, ③], [EOCR ⑦, ⑧, ⑨ → 단자대 U, V, W]
[EOCR ⑦, ⑧, ⑨ → MC_2 ①, ②, ③], [MC_2 ⑦, ⑧, ⑨ → MC_1 ①, ②, ③]
[MC_1 ①, ②, ③ → 단자대 X, Y, Z], [MC_1 ⑦ → ⑧ → ⑨]

7-3 보조 회로 결선 1

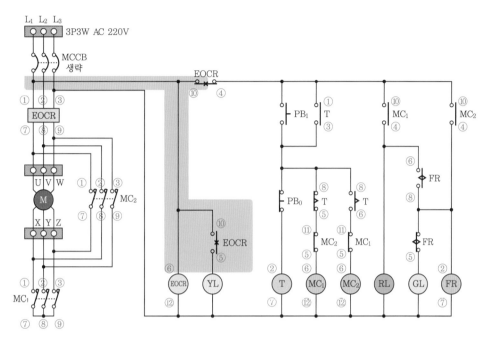

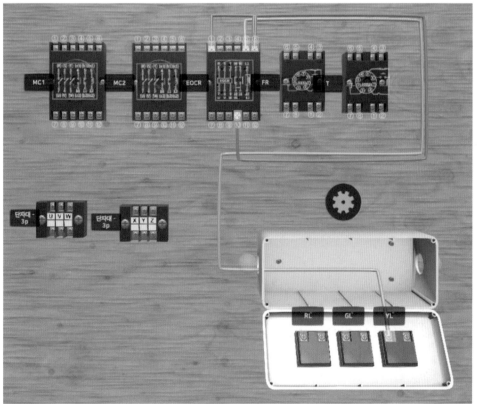

[EOCR ① → EOCR ⑥, ⑩], [EOCR ⑤ → YL 처음 단자]

7-4 보조 회로 결선 2

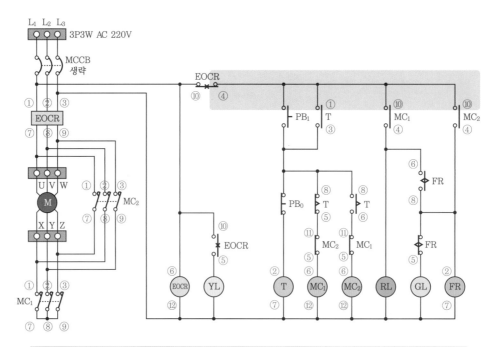

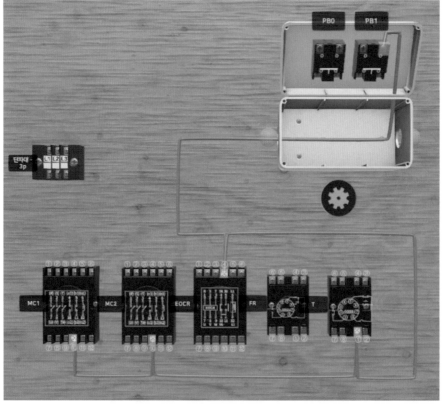

[EOCR ④ → PB₁ a접점(NO) 처음 단자], [PB₁ a접점(NO) 처음 단자 → T ①, MC₁ ⑩, MC₂ ⑩]

7-5 보조 회로 결선 3

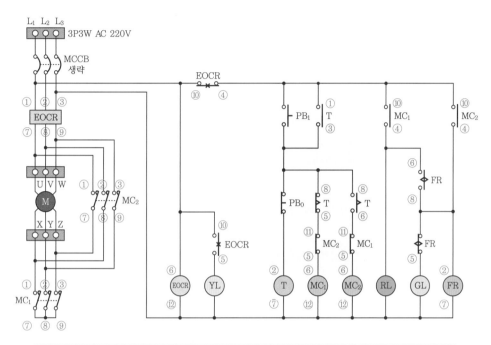

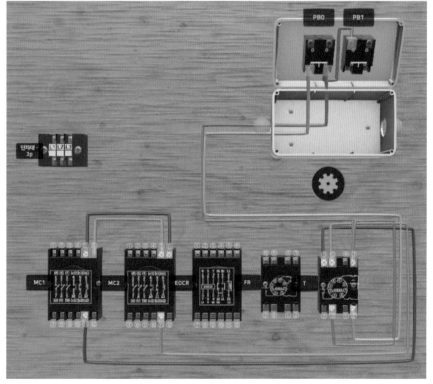

[PB₁ a접점(NO) 다음 단자 → T ③,⑧, PB₀ b접점(NC) 처음 단자], [PB₀ b접점(NC) 다음 단자 →
T ②],[T ⑤ → MC₂ ⑪], [MC₂ ⑤ → MC₁ ⑥], [T ⑥ → MC₁ ⑪], [MC₁ ⑤ → MC₂ ⑥]

7-6 보조 회로 결선 4

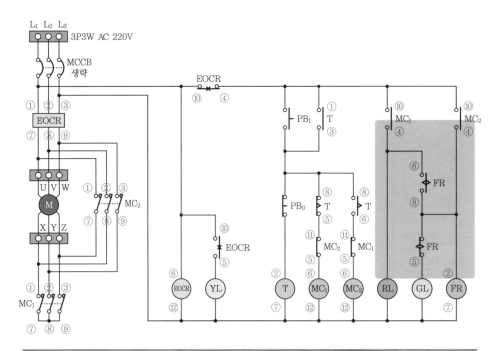

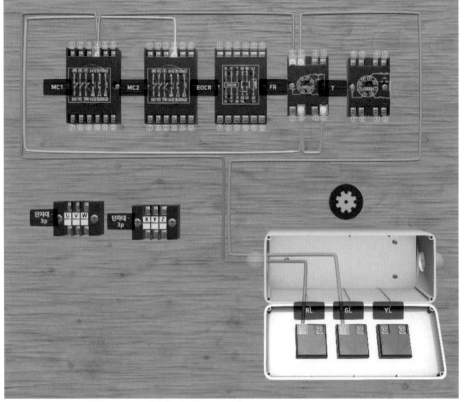

[MC₁ ④ → FR ⑥, RL 처음 단자], [MC₁ ④ → FR ②, ⑧]

7-7 보조 회로 결선 5

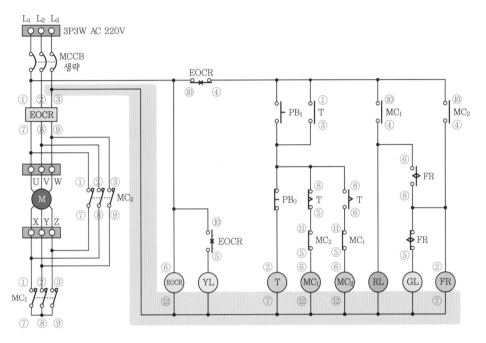

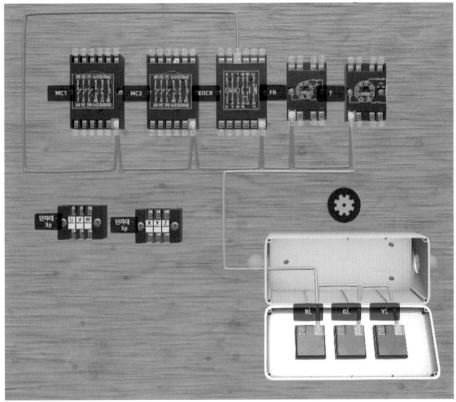

[EOCR ③ → EOCR ⑫, T ⑦, FR ⑦, MC₁ ⑫, MC₂ ⑫, RL, GL, YL 다음 단자]

7-8 제어판 완성

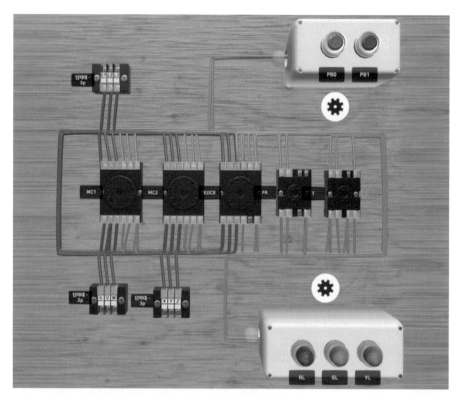

[공개도면 ⑦ 회로 구성 시 수험자가 가장 많이 실수하는 부분 해설]

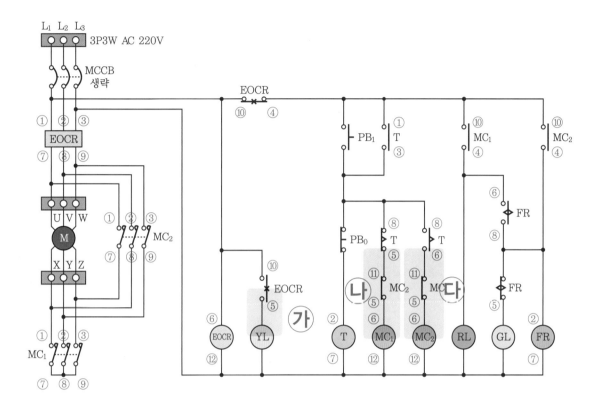

㉮ EOCR ⑤번에서 YL의 처음 단자로 연결되는 전선

㉯ T의 ⑤번에서 MC₂의 ⑪번 단자로 연결되는 전선
　MC₂의 ⑤번에서 MC₁의 ⑥번 단자로 연결되는 전선

㉰ T의 ⑥번에서 MC₁의 ⑪번 단자로 연결되는 전선
　MC₁의 ⑤번에서 MC₂의 ⑥번 단자로 연결되는 전선

■ 표시된 부분은 수검자가 가장 많이 실수하는 전선 누락이 발생하는 곳이다.

승강기 기능사

공개문제 ⑧

(1) 기구 배치도

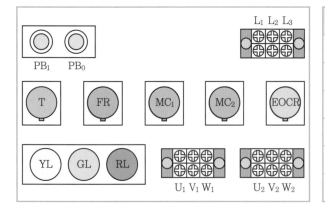

(2) 범례

기구	색상	재료명
PB_0	녹색	푸시버튼 스위치
PB_1	적색	푸시버튼 스위치
PB_2	적색	푸시버튼 스위치
GL	녹색	램프
RL	적색	램프
YL	황색	램프

(3) 기구의 내부 결선도 및 구성도

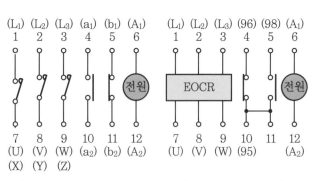

[전자접촉기 내부 결선도]

[EOCR 내부 결선도]

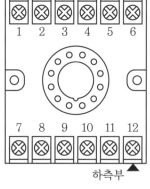

[12P 소켓(베이스) 구성도]

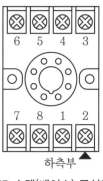

[8P 소켓(베이스) 구성도]

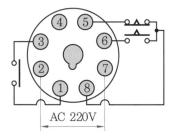

[타이머 내부 결선도]

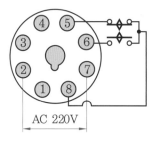

[FR 내부 결선도]

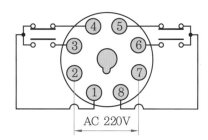

[릴레이 내부 결선도]

[회로도]

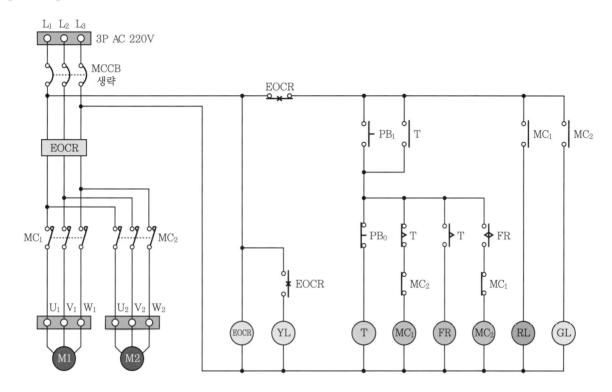

[회로도 번호 기입]

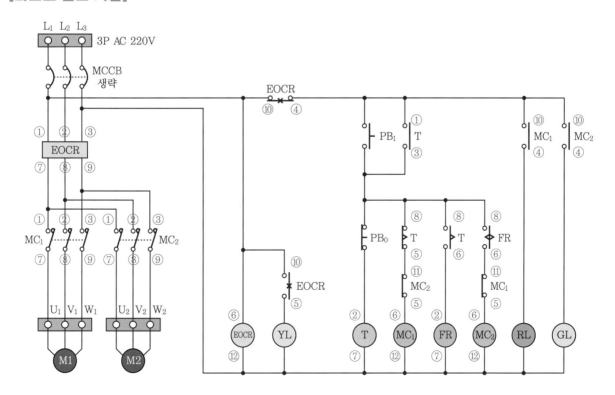

8-1 배치도에 따른 기구 배치 및 고정

도면을 참고하여 기구를 배치하고 계전기 베이스의 홈은 아래 방향으로 향하게 고정한다.

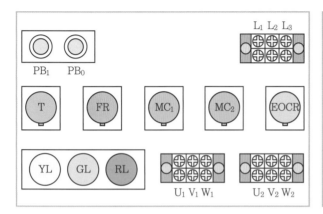

기구	색상	재료명
PB_0	녹색	푸시버튼 스위치
PB_1	적색	푸시버튼 스위치
PB_2	적색	푸시버튼 스위치
GL	녹색	램프
RL	적색	램프
YL	황색	램프

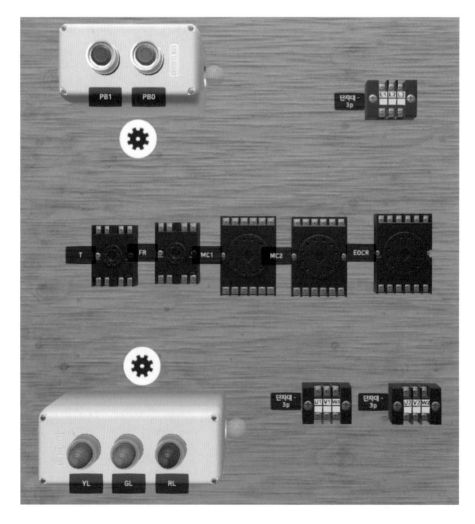

8-2 주회로 결선

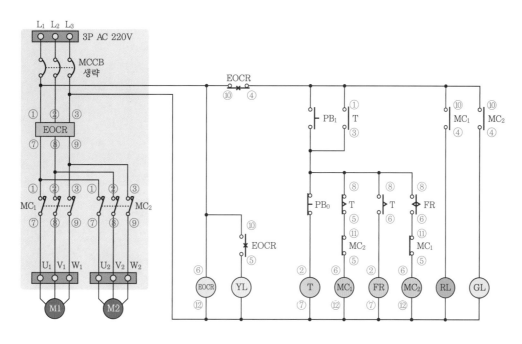

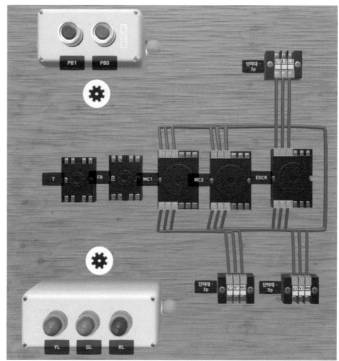

[전원 측 단자대 L_1, L_2, L_3 → EOCR ①, ②, ③], [EOCR ⑦, ⑧, ⑨ → MC_1 ①, ②, ③]

[MC_1 ①, ②, ③ → MC_2 ①, ②, ③], [MC_1 ⑦, ⑧, ⑨ → 단자대 U_1, V_1, W_1]

[MC_2 ⑦, ⑧, ⑨ → 단자대 U_2, V_2, W_2]

8-3 보조 회로 결선 1

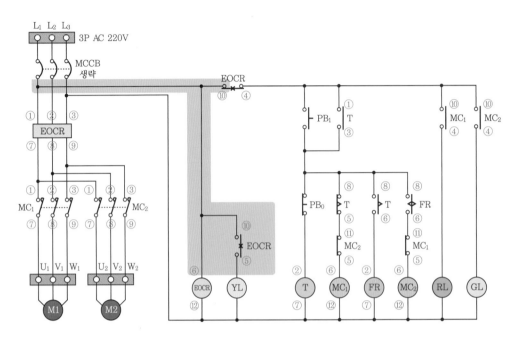

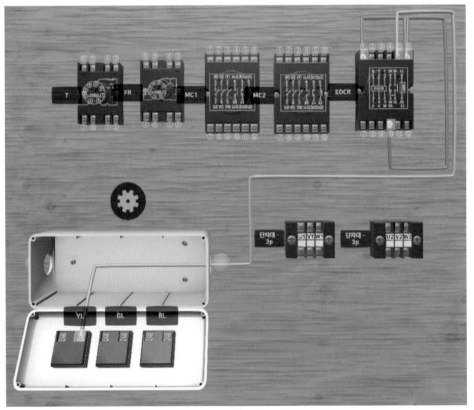

[EOCR ① → EOCR ⑥, ⑩], [EOCR ⑤ → YL 처음 단자]

8-4 보조 회로 결선 2

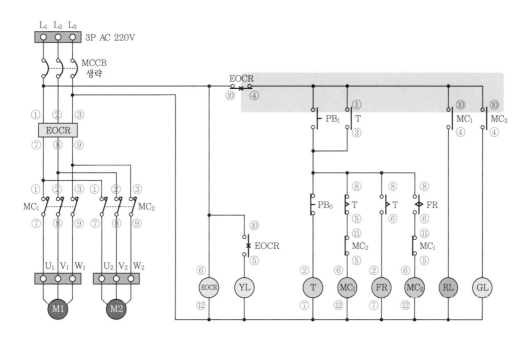

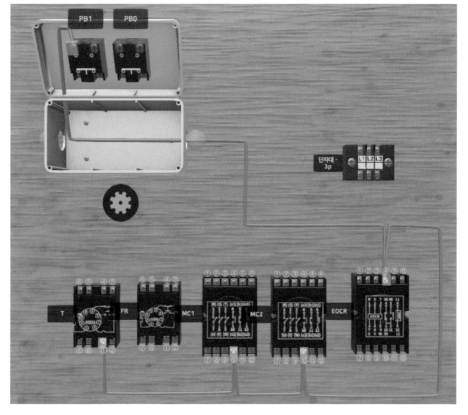

[EOCR ④ → PB₁ a접점(NO) 처음 단자], [PB₁ a접점(NO) 처음 단자 → T ①, MC₁ ⑩, MC₂ ⑩]

8-5 보조 회로 결선 3

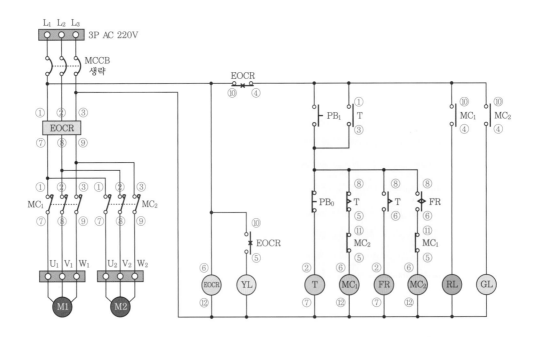

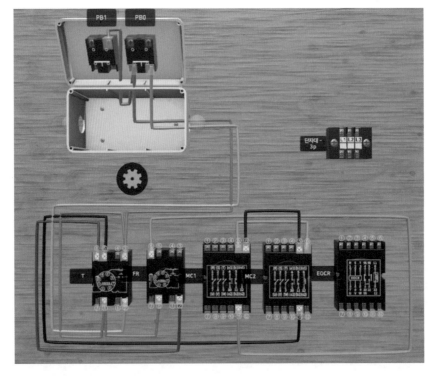

[PB₁ a접점(NO) 다음 단자 → T ③,⑧, FR ⑧, PB₀ b접점(NC) 처음 단자]

[PB₀ b접점(NC) 다음 단자 → T ②], [T ⑤ → MC₂ ⑪], [MC₂ ⑤ → MC₁ ⑥], [T ⑥ → FR ②],
[FR ⑥ → MC₁ ⑪], [MC₁ ⑤ → MC₂ ⑥]

8-6 보조 회로 결선 4

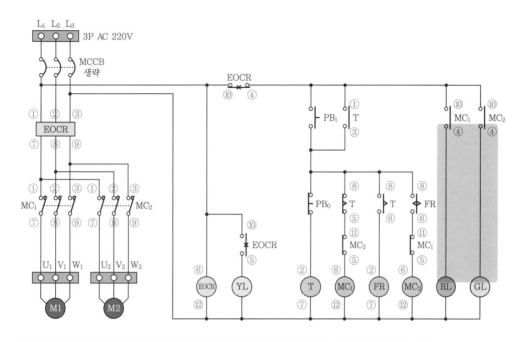

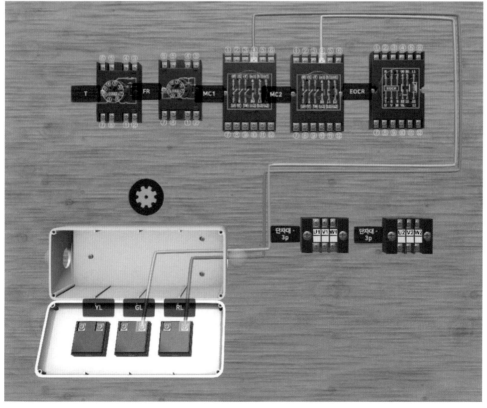

[MC₁ ④ → RL램프 처음 단자], [MC₂ ④ → GL램프 처음 단자]

8-7 보조 회로 결선 5

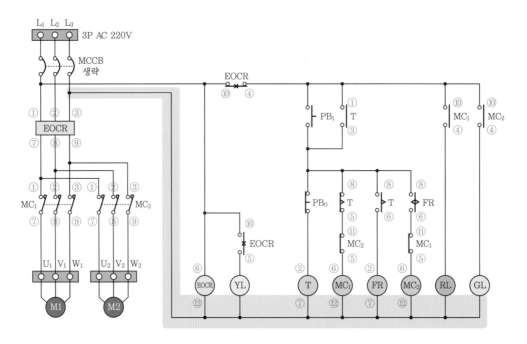

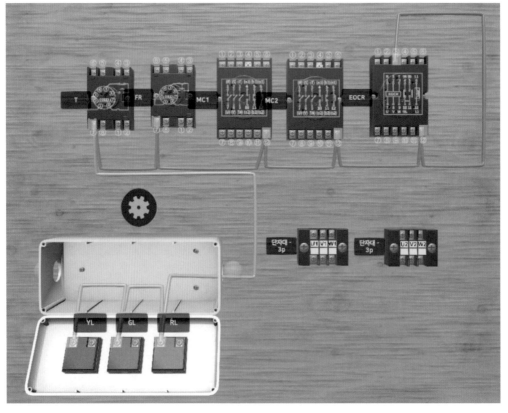

[EOCR ③ → EOCR ⑫, T ⑦, FR ⑦, MC₁ ⑫, MC₂ ⑫, RL, GL, YL 다음 단자]

8-8 제어판 완성

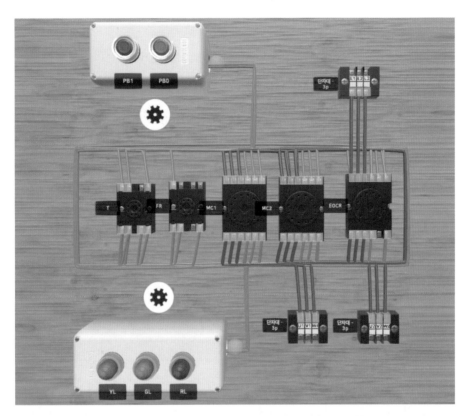

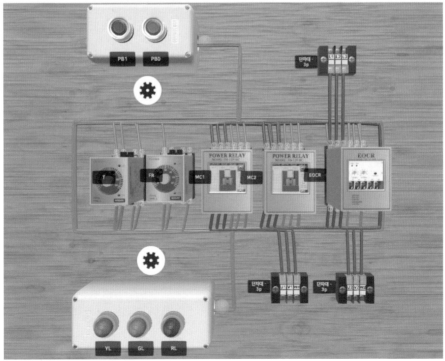

[공개도면 ⑧ 회로 구성 시 수험자가 가장 많이 실수하는 부분 해설]

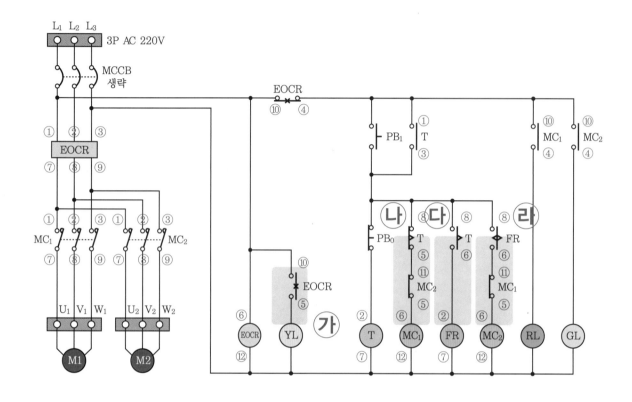

㉮ EOCR ⑤번에서 YL의 처음 단자로 연결되는 전선

㉯ T의 ⑤번에서 MC_2 ⑪번, MC_2 ⑤번에서 MC_1 ⑥번으로 연결되는 전선

㉰ T의 전원 ⑥번에서 FR 전원 ②번으로 연결되는 전선

㉱ FR의 ⑥번에서 MC_1의 ⑪번, MC_1 ⑤번에서 MC_2 ⑥번으로 연결되는 전선

■ 표시된 부분은 수검자가 가장 많이 실수하는 전선 누락이 발생하는 곳이다.

승강기 기능사

공개문제 ⑨

(1) 기구 배치도

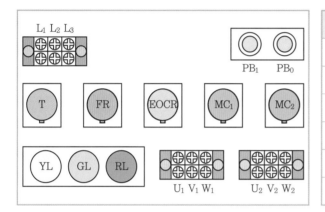

(2) 범례

기구	색상	재료명
PB$_0$	녹색	푸시버튼 스위치
PB$_1$	적색	푸시버튼 스위치
PB$_2$	적색	푸시버튼 스위치
GL	녹색	램프
RL	적색	램프
YL	황색	램프

(3) 기구의 내부 결선도 및 구성도

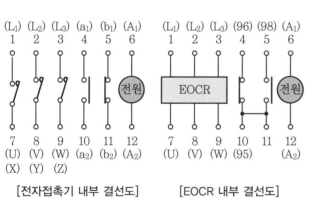

[전자접촉기 내부 결선도] [EOCR 내부 결선도]

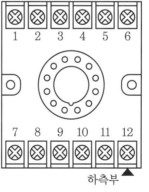

[12P 소켓(베이스) 구성도]

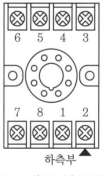

[8P 소켓(베이스) 구성도]

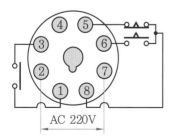

[타이머 내부 결선도]

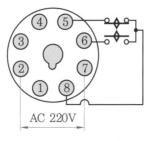

[FR 내부 결선도]

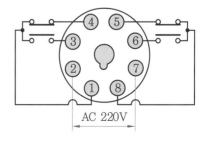

[릴레이 내부 결선도]

[회로도]

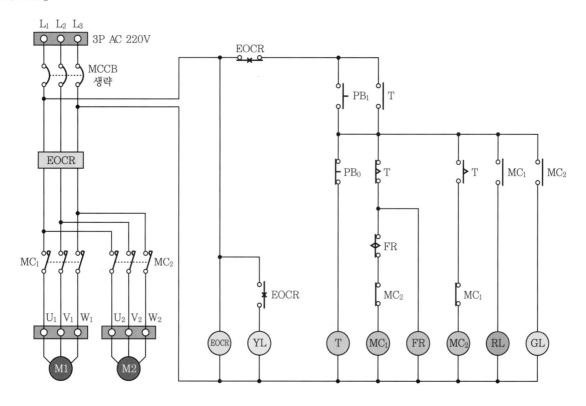

[회로도 번호 기입]

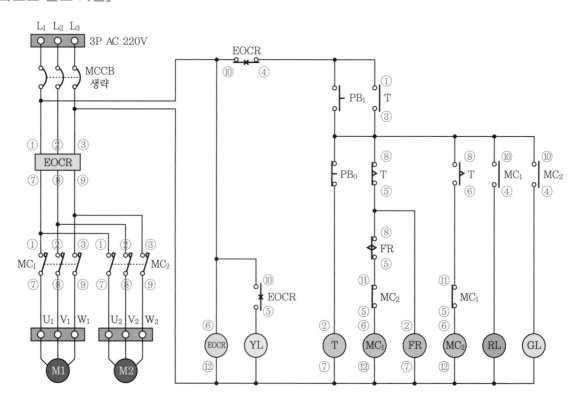

9-1 배치도에 따른 기구 배치 및 고정

도면을 참고하여 기구를 배치하고 계전기 베이스의 홈은 아래 방향으로 향하게 고정한다.

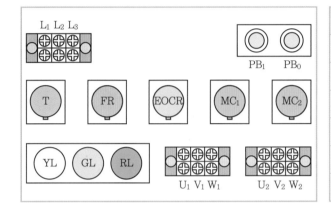

기구	색상	재료명
PB$_0$	녹색	푸시버튼 스위치
PB$_1$	적색	푸시버튼 스위치
PB$_2$	적색	푸시버튼 스위치
GL	녹색	램프
RL	적색	램프
YL	황색	램프

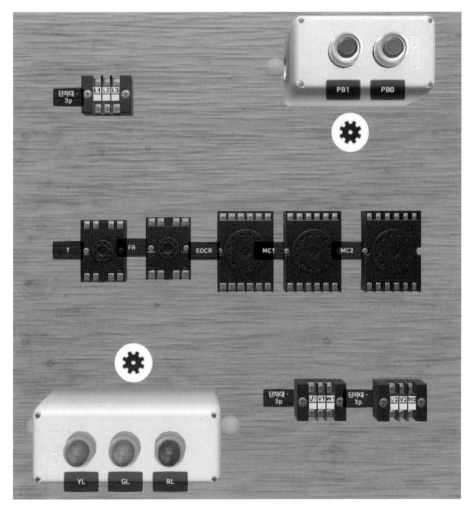

9-2 주회로 결선

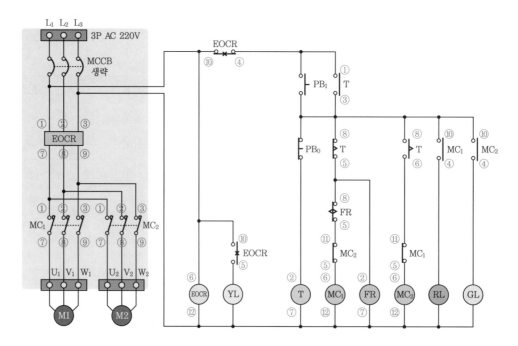

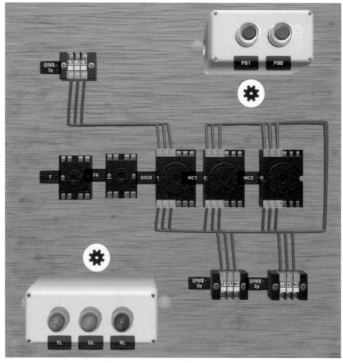

[전원 측 단자대 L₁, L₂, L₃ → EOCR ①, ②, ③], [EOCR ⑦, ⑧, ⑨ → MC₁ ①, ②, ③]
[MC₁ ①, ②, ③ → MC₂ ①, ②, ③], [MC₁ ⑦, ⑧, ⑨ → 단자대 U₁, V₁, W₁]
[MC₂ ⑦, ⑧, ⑨ → 단자대 U₂, V₂, W₂]

9-3 보조 회로 결선 1

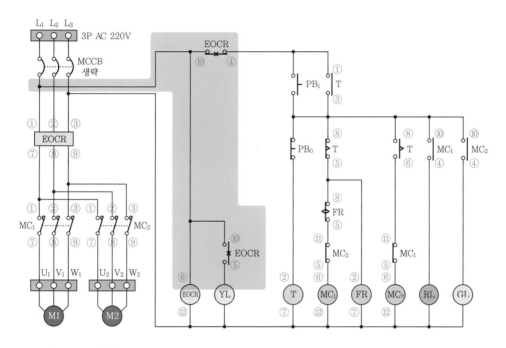

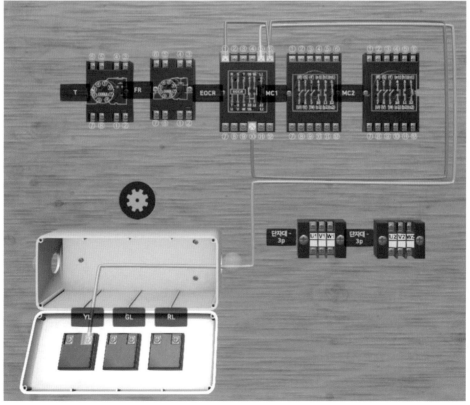

[EOCR ① → EOCR ⑥, ⑩], [EOCR ⑤ → YL 처음 단자]

9-4 보조 회로 결선 2

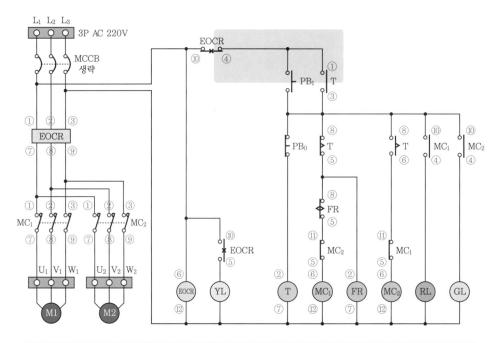

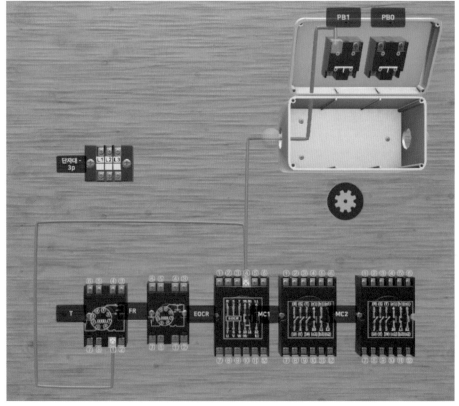

[EOCR ④ → PB₁ a접점(NO) 처음 단자, T ①]

9-5 보조 회로 결선 3

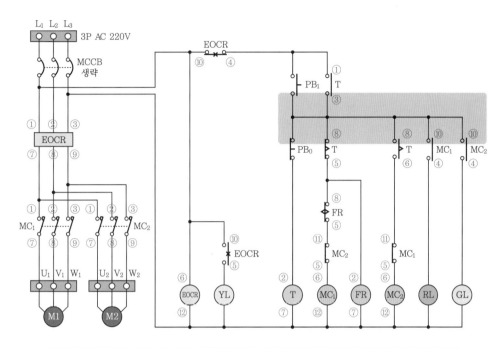

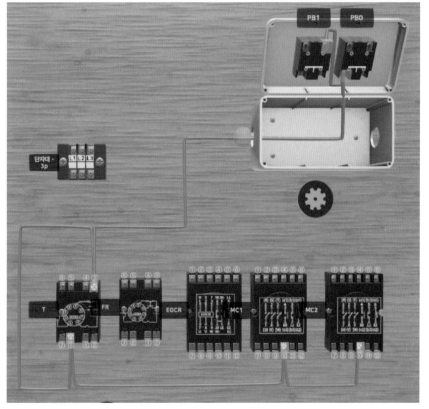

[PB₁ a접점(NO) 다음 단자 → PB₀ b접점(NC) 처음 단자, T ③, ⑧, MC₁ ⑩, MC₂ ⑩]

9-6 보조 회로 결선 4

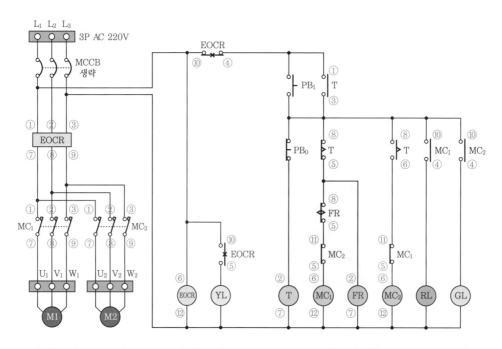

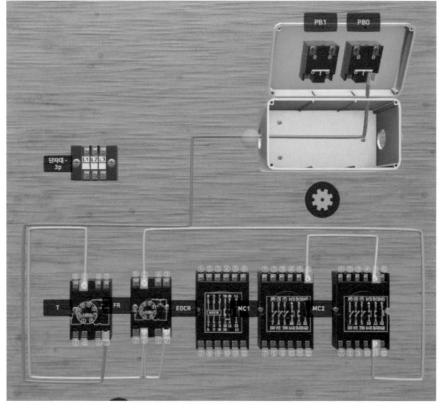

[PB₀ b접점(NC) 다음 단자 → T ②], [T ⑤ → FR ②, ⑧], [FR ⑤ → MC₂ ⑪], [MC₂ ⑤ → MC₁ ⑥]

9-7 보조 회로 결선 5

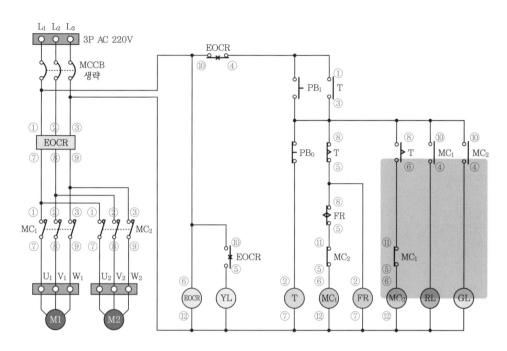

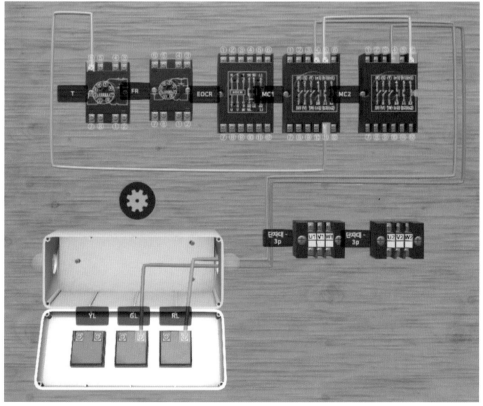

[T ⑥ → MC₁ ⑪], [MC₁ ⑤ → MC₂ ⑥], [MC₁ ④ → RL램프 처음 단자], [MC₂ ④ → GL램프 처음 단자]

9-8 보조 회로 결선 6

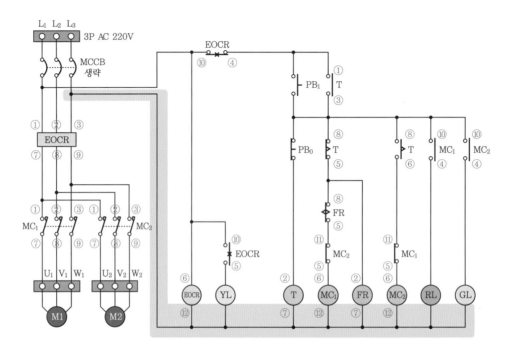

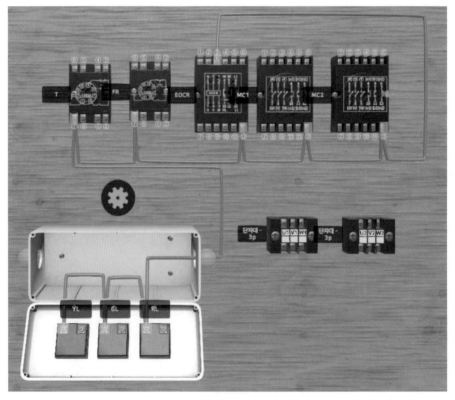

[EOCR ③ → EOCR ⑫, T ⑦, FR ⑦, MC₁ ⑫, MC₂ ⑫, RL, GL, YL 다음 단자]

9-9 제어판 완성

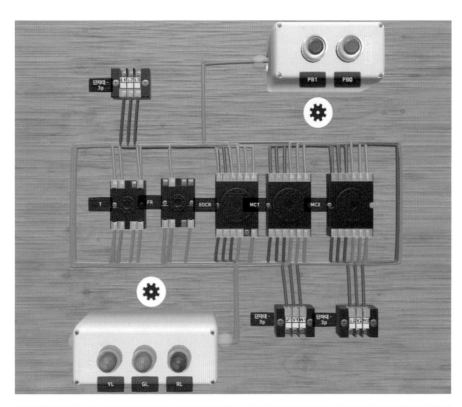

[공개도면 ⑨ 회로 구성 시 수험자가 가장 많이 실수하는 부분 해설]

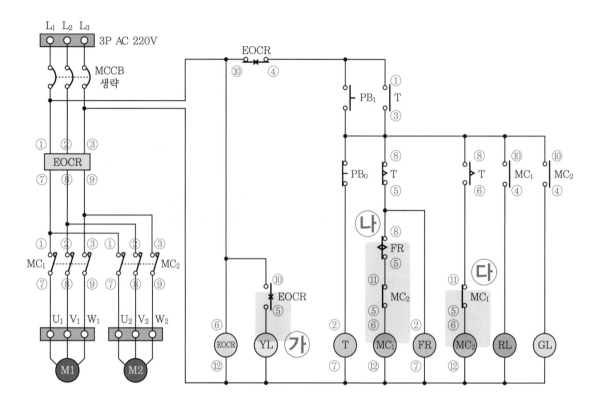

㉮ EOCR ⑤번에서 YL의 처음 단자로 연결되는 전선

㉯ FR의 ⑤번에서 MC₂의 ⑪번, MC₂의 ⑤번에서 MC₁의 ⑥번으로 연결되는 전선

㉰ MC₁의 ⑤번에서 MC₂의 ⑥번으로 연결되는 전선

■ 표시된 부분은 수검자가 가장 많이 실수하는 전선 누락이 발생하는 곳이다.

승강기 기능사

공개문제 ⑩

(1) 기구 배치도

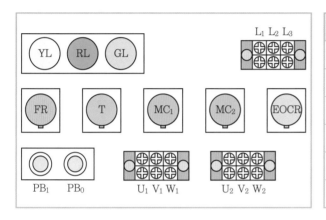

(2) 범례

기구	색상	재료명
PB_0	녹색	푸시버튼 스위치
PB_1	적색	푸시버튼 스위치
PB_2	적색	푸시버튼 스위치
GL	녹색	램프
RL	적색	램프
YL	황색	램프

(3) 기구의 내부 결선도 및 구성도

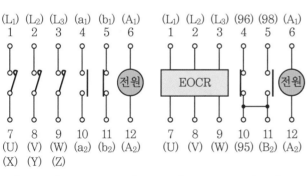

[전자접촉기 내부 결선도]　　　[EOCR 내부 결선도]

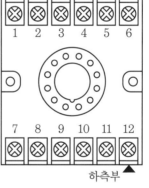

[12P 소켓(베이스) 구성도]

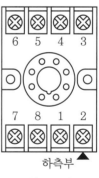

[8P 소켓(베이스) 구성도]

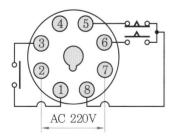

[타이머 내부 결선도]

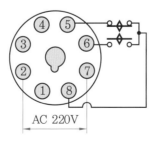

[FR 내부 결선도]

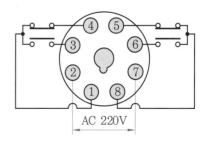

[릴레이 내부 결선도]

[회로도]

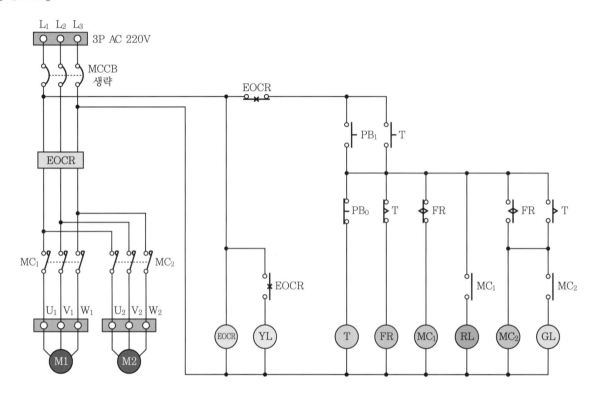

[회로도 번호 기입]

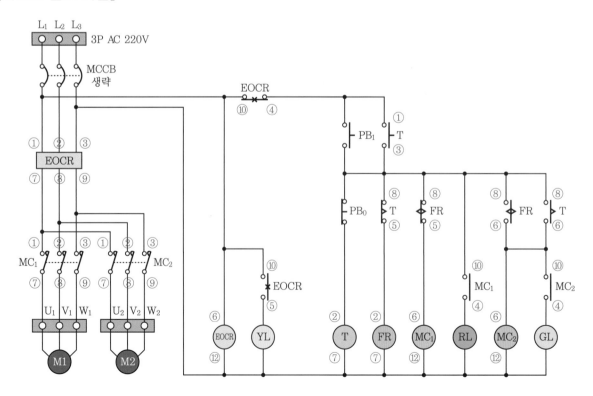

10-1 배치도에 따른 기구 배치 및 고정

도면을 참고하여 기구를 배치하고 계전기 베이스의 홈은 아래 방향으로 향하게 고정한다.

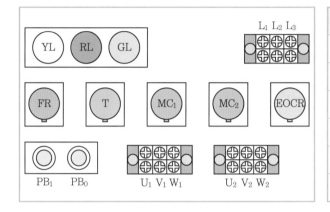

기구	색상	재료명
PB0	녹색	푸시버튼 스위치
PB1	적색	푸시버튼 스위치
PB2	적색	푸시버튼 스위치
GL	녹색	램프
RL	적색	램프
YL	황색	램프

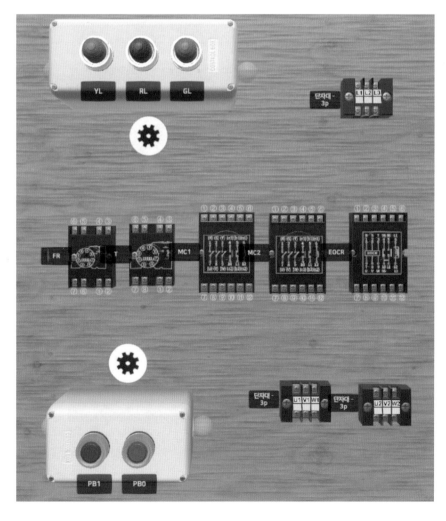

10-2 주회로 결선

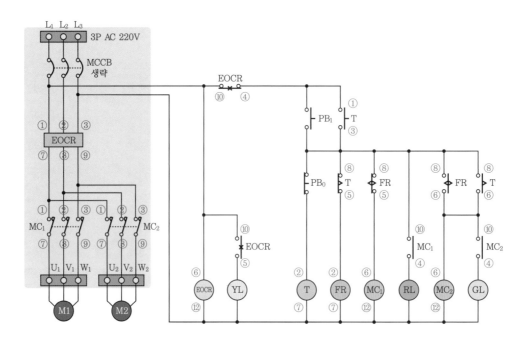

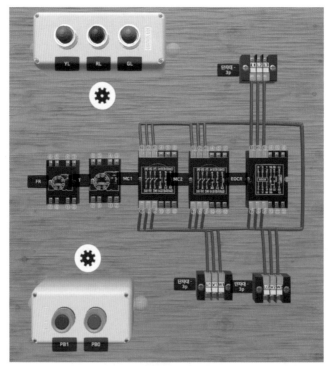

[전원 측 단자대 L_1, L_2, L_3 → EOCR ①, ②, ③], [EOCR ⑦, ⑧, ⑨ → MC_1 ①, ②, ③]
[MC_1 ①, ②, ③ → MC_2 ①, ②, ③], [MC_1 ⑦, ⑧, ⑨ → 단자대 U_1, V_1, W_1],
[MC_2 ⑦, ⑧, ⑨ → 단자대 U_2, V_2, W_2]

10-3 보조 회로 결선 1

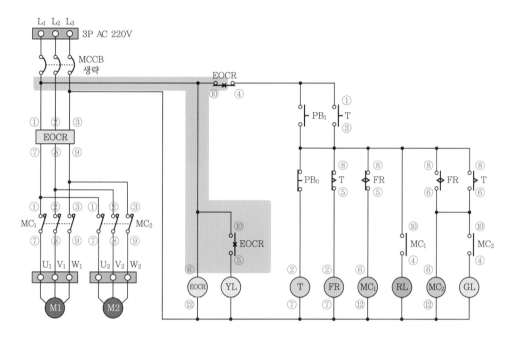

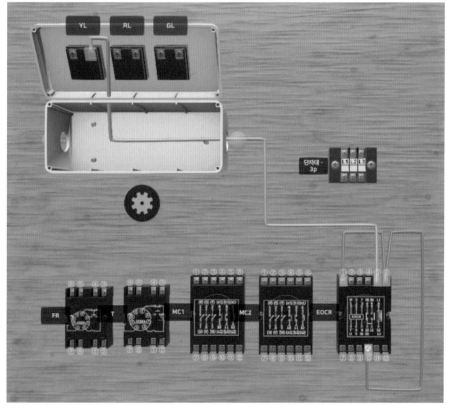

[EOCR ① → EOCR ⑥, ⑩)], [EOCR ⑤ → YL 처음 단자]

10-4 보조 회로 결선 2

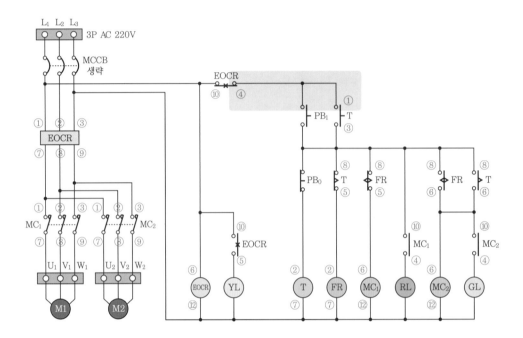

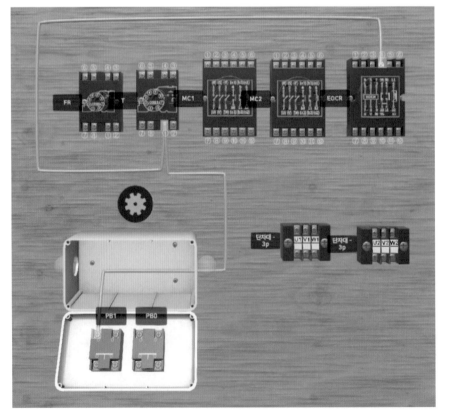

[EOCR ④ → PB₁ a접점(NO) 처음 단자, T ①]

10-5 보조 회로 결선 3

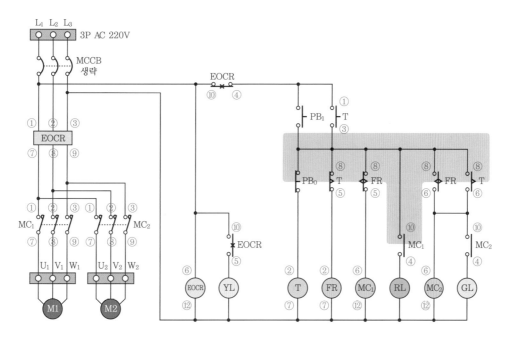

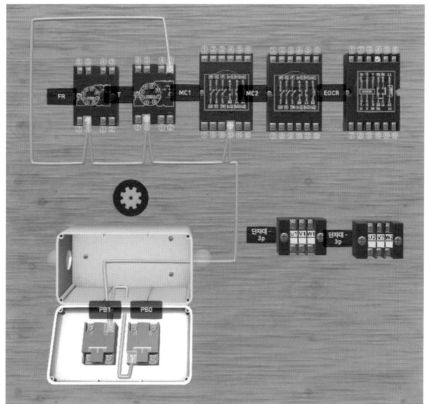

[PB₁ a접점(NO) 다음 단자 → PB₀ b접점(NC) 처음 단자, T ③, ⑧, FR ⑧, MC₁ ⑩]

10-6 보조 회로 결선 4

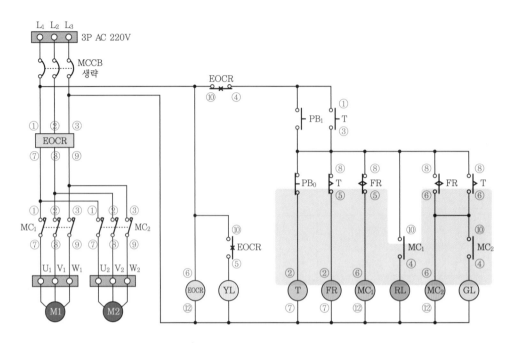

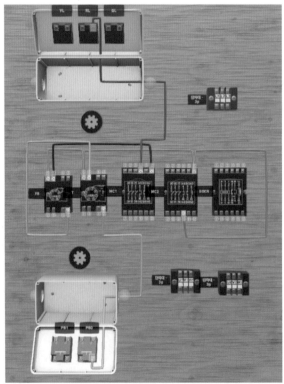

[PB$_0$ b접점(NC) 다음 단자 → T ②], [T ⑤ → FR ②], [FR ⑤ → MC$_1$ ⑥],
[MC$_1$ ④ → RL 처음 단자], [FR ⑥ ↔ T ⑥ ↔ MC$_2$ ⑥ ↔ MC$_2$ ⑩], [MC$_2$ ④ → GL 처음 단자]

10-7 보조 회로 결선 5

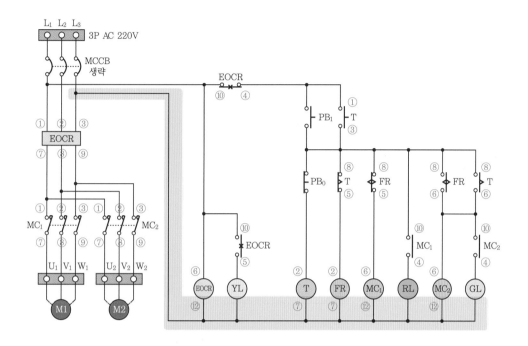

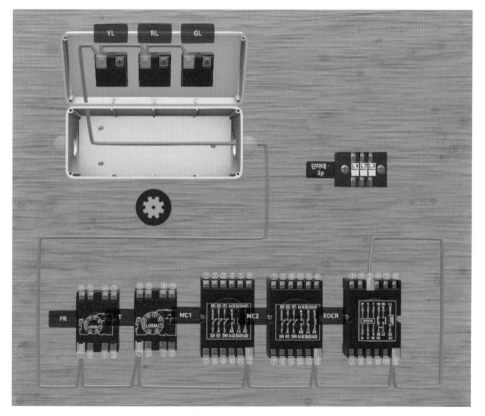

[EOCR ③ → EOCR ⑫, T ⑦, FR ⑦, MC₁ ⑫, MC₂ ⑫, RL, GL, YL 다음 단자]

10-8 제어판 완성

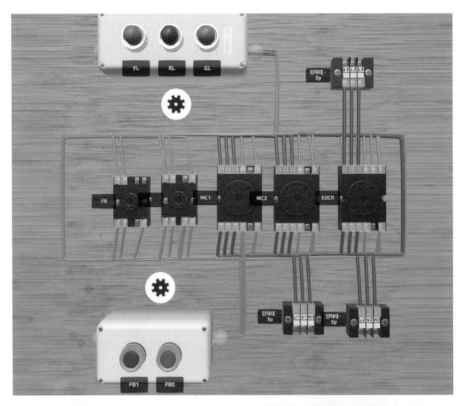

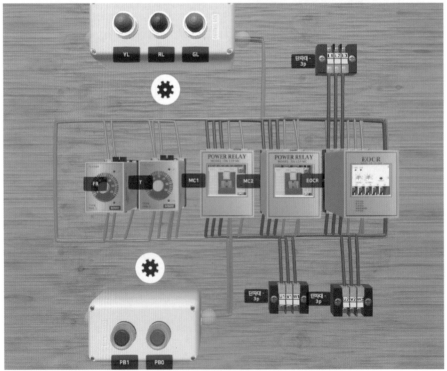

[공개도면 ⑩ 회로 구성 시 수험자가 가장 많이 실수하는 부분 해설]

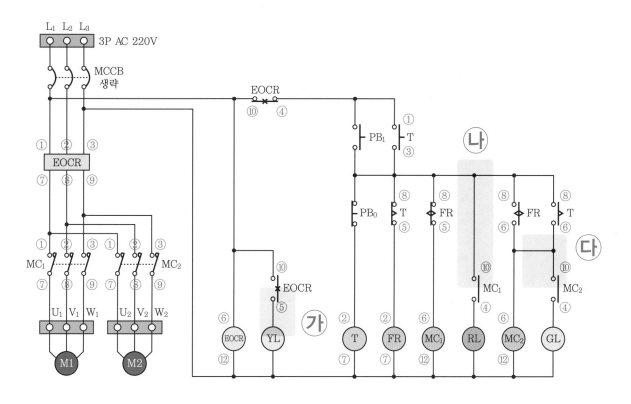

㉮ EOCR ⑤번에서 YL의 처음 단자로 연결되는 전선

㉯ MC₁의 ⑩ 단자는 특히 연결이 자주 누락되기 쉽다.

㉰ FR ⑥번, MC₂ ⑥번, T ⑥번, MC₂ ⑩번으로 연결되는 전선

■ 표시된 부분은 수검자가 가장 많이 실수하는 전선 누락이 발생하는 곳이다.

2023년 1월 20일 인쇄
2023년 1월 25일 발행

저자 : 오선호
펴낸이 : 이정일

펴낸곳 : 도서출판 **일진사**
www.iljinsa.com

(우) 04317 서울시 용산구 효창원로 64길 6
대표전화 : 704-1616, 팩스 : 715-3536
이메일 : webmaster@iljinsa.com
등록번호 : 제1979-000009호(1979.4.2)

값 22,000원

ISBN : 978-89-429-1761-7

* 이 책에 실린 글이나 사진은 문서에 의한 출판사의
동의 없이 무단 전재 · 복제를 금합니다.